抽水蓄能电站
基本特征与建设管理

王义锋　宛良朋　郑斌　樊吉宏　著

中国三峡出版传媒
中国三峡出版社

图书在版编目（ＣＩＰ）数据

抽水蓄能电站基本特征与建设管理 ／ 王义锋等著. --北京 ：
中国三峡出版社，2023.12
ISBN 978-7-5206-0266-2

Ⅰ．①抽… Ⅱ．①王… Ⅲ．①抽水蓄能水电站－水利水电
工程－水利建设②抽水蓄能水电站－水利水电工程－水利管理
Ⅳ．①TV743

中国国家版本馆CIP数据核字(2023)第013553号

责任编辑：于军琴

中国三峡出版社出版发行
（北京市通州区粮市街2号　101199）
电话：（010）59401514　59401529
http://media. ctg. com. cn

北京世纪恒宇印刷有限公司印刷　新华书店经销
2023 年 12 月第 1 版　2023 年 12 月第 1 次印刷
开本：787毫米×1092毫米 1/16　印张：10.25
字数：212千字
ISBN 978-7-5206-0266-2　定价：88.00 元

序　言

　　能源是国民经济发展的命脉，能源安全关乎社会发展稳定，能源低碳发展关乎人类未来生存环境。为保障能源安全，推动绿色低碳发展，党中央提出构建"四个革命、一个合作"能源安全新战略，确定实现"碳达峰、碳中和"的宏伟目标。能源作为碳排放的主要来源，能源行业绿色低碳发展在"碳达峰、碳中和"工作中具有基础性和关键性地位，新型电力系统将成为推动能源绿色低碳转型的关键支撑。

　　我国将构建以新能源为主体的新型电力系统，实施可再生能源替代行动，风能和太阳能等将大规模高比例接入电力系统。2030 年，风能和太阳能发电总装机容量将达到 12 亿 kW 以上。为保障电力系统安全、稳定、高效运行，需要强大的调节能力，抽水蓄能电站作为电力系统中最安全、最可靠、最高效、最便捷的调节电源，其大规模和快速化建设迫在眉睫，抽水蓄能发展将迎来黄金发展期。

　　为加快抽水蓄能发展，2021 年 9 月，首个抽水蓄能专项规划出台，规划提出，到 2025 年、2030 年、2035 年投产总规模分别达到 6200 万 kW、1.2 亿 kW、3 亿 kW，形成满足新能源大规模高比例发展需求的抽水蓄能现代化产业。同时，国家和地方政府密集出台配套政策鼓励抽水蓄能发展，不断释放出加快发展抽水蓄能的强烈信号，国内掀起了投资抽水蓄能的热潮。国家电网有限公司、中国南方电网有限责任公司、中国长江三峡集团有限公司（简称三峡集团）等深耕抽水蓄能业务多年的中央企业进一步加大了投资力度，其他中央企业、地方国有企业、民营企业也加快试水抽水蓄能业务，抽水蓄能发展已基本形成多强并争、新兴主体参与的新格局。

　　抽水蓄能电站是一种特殊形式的水电站，已有 140 多年的发展历史。然而，"双碳"目标对抽水蓄能电站发展提出了更高的要求，新发展阶段，抽水蓄能业务具有"多、快、好、省"的显著特点。"多"主要体现在大规模发展，仅在"十四五"期间我国将开工建设超过 200 个抽水蓄能项目、总装机容量达 2.7 亿 kW。"快"主要体现在建设速度方面，由于抽水蓄能电站建设周期长（8～10 年），风能和太阳能发电建设周期短（2~3 年），两者要配套适应，抽水蓄能电站必须缩短工期，同时要保障工程质量和工程安全、控制工程投资，实现又好又省的目标。

自 20 世纪 90 年代以来，我国抽水蓄能业务在规划设计、设备制造、工程施工、建设管理等方面形成了完整的产业链，积累了较丰富的经验。然而，面对前所未有的抽水蓄能电站的发展规模和建设强度，建设单位、设计咨询机构、设备制造商、施工企业等各方均面临时间紧、任务重、资源匮乏的压力，需要我们用创新的办法破解发展中的难题。尤其是建设单位，作为抽水蓄能电站建设的主导方，在项目前期阶段，抓好项目顶层设计、高质量组织完成勘测设计工作、超前谋划全生命周期的项目管理尤其重要。

抽水蓄能电站的开发建设是一项系统工程，专业门槛高，需要专业的人干专业的事，更需要用创新的方法把事情办好。本书作者王义锋教授主持过锦屏一级等巨型水电站的勘测设计工作，组织向家坝、乌东德、白鹤滩等大国重器的前期筹建或工程建设工作，牵头浙江天台抽水蓄能电站的前期筹建工作，并作为专家参与国内多个抽水蓄能电站技术审查工作，具有丰富的大型水电站和抽水蓄能电站勘测设计、建设管理和技术咨询经验。站在建设管理者的角度，着眼于项目全生命周期效益最大化，王义锋教授将自己多年的大型水电和抽水蓄能勘测设计和建设管理经验总结成这本书。

本书主要作以下探索和创新：一是系统总结抽水蓄能电站的发展历程。抽水蓄能电站虽已发展较长时间，但不少建设管理者仍属首次参与。本书全面介绍了抽水蓄能电站的工作原理、主要特点、建设现状等，为读者从整体上理解和把控抽水蓄能业务提供重要参考。二是科学阐述抽水蓄能电站快速发展的基本逻辑和发展趋势。本书基于实现"碳达峰、碳中和"目标的迫切要求，分析了当前电力系统现状，探索并预测新型电力系统特征，初步估算未来抽水蓄能电站的发展规模，为各方坚定大规模和快速化发展抽水蓄能电站提供理论支撑。三是精准把控抽水蓄能电站前期管理工作的关键要点。本书紧紧围绕项目预可行性研究、可行性研究、项目核准和开工准备四个阶段，借鉴大水电领域成功经验，总结并推广浙江天台等抽水蓄能电站最新成功做法，凝练项目前期工作需要关注的控制要点、解决思路、推荐举措等，为建设管理人员高起点谋划、高质量完成项目前期工作指明了方向。四是探索并提出加快建设抽水蓄能电站的具体措施。为适应构建新型电力系统建设的迫切需求，建设者必须采取创新举措加快工程建设进度。本书从加快项目前期工作，强化项目建设管理，大力推行标准化、数字化、智能化建设等方面，探索破解加快抽水蓄能建设这个难题，进一步优化工程建设周期。

三峡集团在打造世界最大清洁能源走廊的历程中，积累了世界一流的水电建设管理经验，形成了一批引领水电技术发展的自主创新成果，培养出一批水电全产业链人才。在今后推进抽水蓄能发展的宏伟事业中，三峡集团会继续坚持科技创新与工程应用相结合，鼓励新技术、新工艺、新设备和新材料的推广应用，力争形成一批引领行业发展的创新成果，加快培养一批抽水蓄能建设、运营、管理人才。本书可为广大抽水蓄能电站的建设管理者学习抽水蓄能业务提供重要参考，也可为国内抽水蓄能电站建设管理人员和勘测设计人员提供借鉴，共同推进抽水蓄能业务蓬勃发展，为早日实现"碳达峰、碳中和"目标贡献力量。

张超然

中国工程院院士

2023 年 9 月

前 言

"双碳"工作总要求

2020年9月，我国明确提出2030年"碳达峰"与2060年"碳中和"目标，"碳达峰、碳中和"战略目标倡导绿色、环保、低碳的生活方式，持续推进产业结构和能源结构调整，大力发展可再生能源，努力兼顾经济发展和绿色转型同步进行。

2021年9月22日，国务院发布了关于完整准确全面地贯彻新发展理念，做好"碳达峰、碳中和"工作的意见（以下简称"意见"）。

"意见"确定了实施"碳达峰、碳中和"目标的指导思想。

"意见"提出了实现"碳达峰、碳中和"目标，要坚持"全国统筹、节约优先、双轮驱动、内外畅通、防范风险"的原则。

"意见"要求加快构建清洁低碳安全高效能源体系。其中，严格控制化石能源消费和积极发展非化石能源对电力发展提出新的要求，即实施可再生能源替代行动，大力发展风能、太阳能、生物质能、海洋能、地热能等，不断提高非化石能源消费比重，强化风险管控，确保能源安全稳定供应和平稳过渡。

此外，深化能源体制机制改革。全面推进电力市场化改革，加快培育发展配售电环节独立市场主体，完善中长期市场、现货市场和辅助服务市场衔接机制，扩大市场化交易规模。推进电网体制改革，明确以消纳可再生能源为主的增量配电网、微电网和分布式电源的市场主体地位。加快形成以储能和调峰能力为基础支撑的新增电力装机发展机制。完善电力等能源品种价格市场化形成机制。从有利于节能的角度深化电价改革，理顺输配电价结构，全面放开竞争性环节电价。推进煤炭、油气等市场化改革，加快完善能源统一市场。

为了顺利推进"碳达峰、碳中和"工作，"意见"要求切实加强组织领导，强化统筹协调，压实地方责任，严格监督考核。各地区要将"碳达峰、碳中和"相关指标纳入经济社会发展综合评价体系，增加考核权重，加强指标约束。

2021年10月，国务院发布2030年前"碳达峰"行动方案：到2025年，绿色低碳循环发展的经济体系初步形成，重点行业能源利用效率大幅提升；到2030年，经济社会发展全面绿色转型取得显著成效，重点耗能行业能源利用效率达到国际先进水平；到2060年，绿色低碳循环发展的经济体系和清洁低碳安全高效的能源体系全面建立，能源利用效率达到国际先进水平，非化石能源消费比重达到80%以上，"碳中和"目标实现，生态文明建设取得丰硕成果，开创人与自然和谐共生新境界。

能源政策与抽水蓄能规划

"碳中和"的基本逻辑："碳中和"其实是"净零排放"，而不是二氧化碳"零排放"。碳的排放量与固碳量相等，则为"碳中和"。

"碳中和"的技术支撑：首先，在消费端进行电力和氢能替代，并进行工艺重构，用非碳能源发电、制氢，再用电能、氢能替代煤、油、气，从而实现消费端的低碳化甚至非碳化，这是实现"碳中和"的核心内容；其次，在固碳端通过生态系统的修复、保育，增强植物的光合固碳能力，同时使用碳固存技术从烟道中收集二氧化碳进行工业利用。这个过程中起主要作用的是生态措施。

在我国的能源消费结构中，石油占总量的60%左右，电力占总量的40%左右，而电力生产的60%使用的是煤，其基础仍然是化石能源，由此可见，化石能源约占总量的85%，处于绝对控制地位。

要想打赢"碳达峰、碳中和"这场攻坚战，应抓住能源这个主阵地，其主力军是可再生能源。大规模发展新能源需要提升电力系统调节能力，而抽水蓄能是系统内主要的清洁、绿色、优质、灵活调节手段。同时，抽水蓄能项目投资规模大，产业链条长，带动作用强，经济、生态和社会等综合效益显著。抽水蓄能电站现已成为推动全球能源转型、保障能源安全、带动经济发展的重要基础。

在"双碳"目标的框架下，能源生产与消费的大趋势是去化石能源化，即用可再生能源替代化石能源。通俗地讲，将能源生产清洁化，能源消费电气化。风能和太阳能发电（有时太阳能发电也称光伏，太阳能电站也称光伏电站）、水电、安全核电和生物质能发电的大规模高比例接入电力系统有很多优势：一方面可减少电力生产的碳排放量；另一方面可通过氢能技术用电力制氢及用储能技术将能源由以石油为主的结构逐步转变为以可再生能源为主的结构。

由此，构建"四个革命，一个合作"的能源安全新战略，实现"双碳"目标，要从构建新型电力系统开始。新型电力系统要安全、稳定、高效地运行就需要具备大规模的调节能力，而抽水蓄能电站是电力系统中最安全、可靠、高效、便捷的调节电站，也是最经济的储能系统。发展抽水蓄能电站与建设全国联网的输电网架一样，是构建以新能源为主的新型电力系统的基础，是刚性需求，未来可能会大规模快速发展。

2021 年 2 月，国家能源局对 2021 年可再生能源消纳责任权重目标和 2022—2030 年预期目标进行建议征集。国家能源局提出，非化石能源消费比重 2021 年按 16.6% 考虑，2030 年按 26% 考虑；2021 年一次能源消费总量为 51.2 亿 t 标准煤，2030 年为 60 亿 t 标准煤；2021 年全社会用电量为 8 万亿 kW·h，2030 年为 11 万亿 kW·h。为实现 2030 年"碳达峰"目标，风能和太阳能发电总装机容量将达到 12 亿 kW 以上。根据统计结果，风能和太阳能发电发展很快，2022 年底，装机规模已经达到 7.6 亿 kW，每年新增装机规模超过 1 亿 kW，预计 2030 年将超过 16 亿 kW。

为适应上述 12 亿 kW 以上风能和太阳能发电装机规模，应配套建设一定比例的抽水蓄能装机，以满足电力市场需求。

为推进抽水蓄能技术快速发展，适应新型电力系统建设和大规模高比例新能源发展需要，助力实现"碳达峰、碳中和"目标，2021 年 4 月，《国家发展改革委关于进一步完善抽水蓄能价格形成机制的意见》（发改价格〔2021〕633 号，以下简称 633 号文）明确了抽水蓄能电站电价政策，为社会资本进入抽水蓄能行业树立了市场信心。2021 年 9 月，国家能源局发布《抽水蓄能中长期发展规划（2021—2035年）》（以下简称《规划》），确定了开发总目标和站点规模，分阶段提出重点建设项目库和备选站点库，并要求各省、自治区、直辖市在规划实施过程中动态调整站点布局。《规划》指出，当前我国正处于能源绿色低碳转型发展的关键时期，风能和太阳能发电等新能源大规模高比例发展对调节电源的需求更加迫切，构建以新能源为主体的新型电力系统对抽水蓄能发展提出更高要求。建立能源供给多元体系，构建以新能源为主的新型电力系统是主要方面，未来的能源供给大方向是新能源逐步替代煤电，电力替代石油。主要发展要求体现在两个方面：一是大规模发展；二是较快发展。

《规划》提出坚持"生态优先、和谐共存，区域协调、合理布局，成熟先行、超前储备，因地制宜、创新发展"的基本原则。在全国范围内普查、筛选抽水蓄能资源站点的基础上，建立抽水蓄能中长期发展项目库。对满足规划阶段深度要求、条件成熟、不涉及生态保护红线等环境制约因素的项目，按照应纳尽纳的原则，作为重点实施项目，纳入重点实施项目库，此类项目总装机规模为 4.21 亿 kW；对满足规划阶段深度要求，但可能涉及生态保护红线等环境制约因素的项目，作为储备项目，纳入储备项目库，这些项目待落实相关条件、做好与生态保护红线等环境制约因素避让和衔接后，可滚动调整进入重点实施项目库，此类项目总装机规模为 3.05 亿 kW，总规模为 7.26 亿 kW，相当于新建 600 座以上标准抽水蓄能电站，超出我国常规水电规模近一倍，按照规划要求建成后，电力工业将出现全新的局面，具有划时代的重要意义。

根据《规划》安排，到 2025 年，抽水蓄能投产总规模较"十三五"翻一番，达到 6200 万 kW 以上；到 2030 年，抽水蓄能投产总规模较"十四五"再翻一番，达到 1.2 亿 kW 左右；到 2035 年，抽水蓄能投产总规模达到 3 亿 kW，形成满足新能源大规模高比例发展需求的，技术先进、管理优质、国际竞争力强的抽水蓄能现代化产业，培育形成一批抽水蓄能大型骨干企业。

据业内专家分析，抽水蓄能与风能和太阳能发电按照 1：4~1：5 配置比较合适，可以达到常规水电的水平，实现系统完全、友好地发展。根据风能和太阳能发展状况预测，2030 年风能和太阳能发电规模接入电力系统大概达到 16 亿 kW 以上，抽水蓄能的合理规模为 3.2 亿~4 亿 kW。也就是说，《规划》更多考虑目前行业的实际产能，与电力系统的高质量发展需求还有一定差距。

编撰本书目的

水利水电、交通等大型基础建筑设施作为国民经济的命脉，在建设过程中具有环境复杂、施工期长、参建人员多、作业面空间分布复杂、工种众多且包含特殊工种等特点。这就要求工程项目管理顺应互联网时代发展，将传统认为的把控流程化、模式化管理用更高效、更系统的数字化工具取代，并提高管理人员运用人工智能进行项目管理的能力，保持知识和技能的实时更新，增强创新意识，更多元化地统筹协调组织资源，更高效地实现组织目标。

自 1911 年泰勒的《科学管理原理》问世以来，管理研究逐步开展并取得开创性成果，无数专家、学者、企业家和政治家都非常关注管理，关于管理的文献层出不穷。泰勒是"科学管理之父"，用科学实验的方法研究工厂工人操作的科学内涵，大幅度提高劳动生产率。与泰勒同时代的法约尔被称为"现代管理之父"，他指出企业经营管理的计划、指挥、决策、协调、控制的五要素和管理的十四条原理是大多数企业管理实践的经典理论指导。韦伯是"组织理论之父"，他提出的官僚制包含合理分工、层级制、法定程序性、非人格化管理、管理的职业化，是包括国家公务员制度在内的许多组织制度的基石。管理科学的发展经历了经验管理、科学管理、定量管理、行为管理和权变管理五个阶段，管理的思想成果不断涌现。

　　随着工程建设规模扩大，大量材料数据和监控数据源源不断地产生，传统的管理模式无法进行精细化管理，容易出现管理失控的现象。由于缺乏对信息资源的有效交换，当前建筑工程的信息化进程依然存在集成化程度低、智能化程度不高及标准化程度低等问题。为应对传统建筑行业的问题，适应新时代不断变化的施工现场需求、供应网络需求和建设方需求，建筑工程探索集成与协同新范式，通过智能设计、智能工厂、智能工地和智能物流搭建出智能建造的框架。建筑信息模型（Building Information Modeling，BIM）是智能建造的核心技术，在国内施工建造的应用处于起步阶段，在上海世博会中国馆、青岛海湾大桥和上海中心等一些大型项目中都有应用，之后会逐渐推广至整个建筑领域。

　　我国抽水蓄能电站建设自 20 世纪 60 年代末开始，经过近 50 多年的发展，已经形成完整的产业链，规划设计、设备制造、工程施工、建设管理等具备强大的基础能力，积累了丰富的经验。但是，未来短时间建成近 600 座抽水蓄能电站是前所未有的，面对这样的形势，无论是投资企业，或是设计咨询机构，还是施工企业，以及设备制造商，均面临时间紧、任务重、资源匮乏的压力，各方面的能力均需要大幅度提高。

　　在建设项目管理方面，传统的建设管理模式已远远不能适应新的发展需求，我们应创新思路、创新方法、创新技术，快速提升管理水平与效率。

　　本书基于投资企业的管理需求，对抽水蓄能电站的基本原理和管理实务进行讲解，旨在为投资企业的管理人员提供参考。

　　本书分为新型电力系统、抽水蓄能电站的发展及工作原理、抽水蓄能电站前期工作管理要点、加快建设抽水蓄能电站的措施和问题讨论 5 章。第 1 章对新型电力系统的结构进行分析，预测发展的方向和规模。第 2 章论述抽水蓄能电站的特点、工作原理、开发任务等。第 3 章就抽水蓄能电站的建设管理要点进行探讨，这是本书的重点，既有建设项目管理的基础理论和方法，又有关于项目前期工作和建设的一些经验。第 4 章基于抽水蓄能电站发展的紧迫性问题，提出又快又好地建设抽水蓄能电站的措施，是作者工作经验的总结。第 5 章对当前业内普遍关心的问题进行讨论，提出一些认识。

由于笔者水平有限，书中难免有疏漏和不足之处，望各位读者批评指正。

作者

2023 年 9 月

目 录

第 1 章

新型电力系统

电力系统是由发电、变电、输电、配电和用电等环节组成的电能生产与消费系统。它的功能是将自然界的一次能源通过发电动力装置（主要包括锅炉、汽轮机、发电机及电厂辅助生产系统等）转化为电能，再通过变电系统、输电系统及配电系统将电能供应到各负荷中心，经各种设备将其转换为动力、热、光等不同形式的能量，为当地社会、经济和生活服务。电能生产必须时刻与消费保持平衡。

在电力系统正常、稳定运行的前提下，如何保证电能质量和成本控制，是电力行业从业者考虑的重点问题之一。

1.1　当前的电力结构及其特征

电力系统按照能源来源不同，可分为火电、水电、核电、风电和太阳能发电。

利用煤炭、石油、天然气的化学能进行发电的电站被称为火电站，也叫凝汽式电站。凝汽式电站的优点：布局灵活，装机容量的大小可按需决定；一次投资较少；建设周期较短。缺点：耗煤量大，发电成本高；动力设备多，操作复杂；运行费用高；启动时间长（几小时到十几小时不等），启停费用高；承担调峰、调频作用时，煤耗增加、事故增多；环境污染较大。

利用水的势能进行发电的电站被称为水电站。水电站的优点：发电成本低；对环境没有污染；运行灵活方便；可同时实现防洪、灌溉、航运等功能。缺点：一次投资多；建设周期长；容易受水文气象影响。

利用核反应产生的原子能（核能）进行发电的电站被称为核电站。

利用风能、太阳能、潮汐能、地热能等发电的电站被称为新能源电站。其中，风电场的优点：能源可再生，无污染；运行成本低；建设周期短，只需要一年左右。缺点：出力随机，对系统扰动大；单位装机投资大；容易造成低频噪声影响。

电网的日负荷不是恒定的，有峰值和谷值，通常峰值出现在午后，谷值出现在凌晨。

按照运行状态不同，在负荷曲线上所处的位置不同，可将各类电站分为基荷发电站：核电站、大型凝汽式电站、径流式水电站；腰荷发电站：中型凝汽式电站、部分水电站；峰荷发电站：小型凝汽式电站、抽水蓄能电站。

根据统计数据，2020 年全国电力装机容量共计 220 018 万 kW，其中，水电占比16.82%，容量 37 016 万 kW，包含抽水蓄能 3149 万 kW，抽水蓄能占比 1.43%。当前我国电力系统以火电为主，占比接近 60%，而抽水蓄能的占比不到 2%（见表 1-1），远低于系统需求。

表 1-1 2020 年我国电力系统规模与结构

类型	装机容量（万 kW）	占比（%）
火电	124 517	56.59
水电（抽水蓄能）	37 016（3149）	16.82（1.43）
核电	4989	2.27
风电	28 153	12.80
太阳能发电	25 343	11.52

1.2 电力电量平衡

电力平衡：电力系统所有的有功电源发出的有功功率总和与电网所有用电设备（包括输电线路）所取用的有功功率总和相等；电力系统所有的无功电源发出的无功功率总和与电网所有用电设备（包括输电线路）所取用的无功功率总和相等。

电量平衡：在系统电力平衡的条件下，在规定的时间内（年、月、日）各类发电设备的发电量与预测需要电量的平衡。

电力平衡指的是有功功率平衡和无功功率平衡，取决于发电、供电、用电，是动态平衡的过程。有功功率过剩则系统频率加快，有功功率不足则系统频率降低。无功功率不足则系统电压下降，无功功率过剩则系统电压上升。无论是低频、高频、低压、超压，均会带来以下危害：损坏设备、影响产量、增加能耗、降低质量、导致自动化设备误操作事故、通信广播电视失真、电网瓦解事故等。

1.2.1 各类电源电力电量平衡情况

事故备用和负荷备用：备用率取 12%。电网逐月事故备用（9%）和负荷备用（3%）按月最高负荷比例计。其中，事故备用分为热备用（4.5%）和冷备用（4.5%）。承担事故备用和负荷备用的机组必须能及时投入，因而常处于旋转状态，故事故备用和负荷备用容量亦被称为旋转备用容量，旋转备用率为 7.5%。

煤电：统调煤电的供热机组按 10% 容量受阻考虑，非统调煤电因热电联产、企业自备等原因，根据已建电站运行实际统计，按装机容量的 50% 参与平衡。

气电：气电机组发电出力与环境温度关系较大，当环境温度较高时，其出力会受到不同程度的受阻，受阻的程度可达到 20% 左右。电力平衡时，在 7—9 月高温季节，气电受阻容量暂按其开机容量的 20% 计算。

风能和太阳能发电：风电出力具有不完全随机性的特点。根据华东电网典型年实际风电 8760h 的出力过程，统计年内每天系统高峰时段（8：00—17：00）的平均出力，得到系统高峰时段日平均出力保证率曲线。对应概率 $P=95\%$ 左右的风电出力为 5.9%。考虑一定裕度，风电按 5% 有效容量考虑参与平衡。太阳能发电具有随机性的特点，受天气等因素影响较大，结合太阳能出力的典型日过程，按 5% 有效容量参与平衡。

常规水电：按照三峡、乌东德等大型水电站多年平均发电量与总装机全年满发的比例进行统计，得到参与平衡的综合有效容量为总装机容量的 44%。

抽水蓄能电站：按照多个抽水蓄能电站多年平均发电量统计，得到参与平衡的综合有效容量为总装机容量的 46%。

1.2.2　电力电量平衡模型的建立

假设：

煤电出力：$GN_1 = f_1(t) = N_1 nt$；

风电出力：$GN_2 = f_2(t) = N_2 nt$；

太阳能发电出力：$GN_3 = f_3(t) = N_3 nt$；

核电出力：$GN_4 = f_4(t) = N_4 nt$；

常规水电出力：$GN_5 = f_5(t) = N_5 nt$；

抽水蓄能出力：$GN_6 = f_6(t) = N_6 nt$。

那么：

$$F(t) = \sum_{i=1}^{n} f_i(t) m_{综合} \tag{1-1}$$

式中：$F(t)$ 为需求电量；n 为全年全时段参与电力电量平衡的有效装机比例；i 为不同类型电源；t 为发电时间；$m_{综合}$ 为需求电量与发电量综合平衡系数。当 $m_{综合}=1$ 时，说明各电源配置总量实现了电力电量平衡；当 $m_{综合}<1$ 时，说明电源配置过剩；当 $m_{综合}>1$ 时，说明电源配置不足。

截至 2020 年，全国发电装机容量达到 22 亿 kW，其中，火电 124 517 万 kW，水电 39 636 万 kW（其中抽水蓄能 3029 万 kW），核电 4989 万 kW，风电 28 153 万 kW，太阳能发电 25 343 万 kW。

根据不同电源的出力比例可求得，满足 2021 年 $f(t)=80\,000$ 亿 kW·h 的综合出力系数为 $m_{综合}=1.07$，满足 2030 年 $f(t)=110\,000$ 亿 kW·h 的综合出力系数为 $m_{综合}=1.47$。这说明当前发电装机容量没有满足社会经济发展对电量的需求。

假设 2030 年前，不再增加常规水电、核电和煤电装机容量，提供年度有效电量 7.2 万亿 kW·h，则剩余电量 3.8 万亿 kW·h 需由风能、太阳能、抽水蓄能等能源全额提供，这样可实现 $m_{综合}=1$。

不同电源在不同时段的发电效率是不一样的，可以通过能源结构调整和科学调度，提高不同电源出力系数，以减小 $m_{综合}$，实现电力电量平衡。

换言之，实现电力电量平衡的方式是开发足够的能源，以需定产。

1.3　新型电力系统发展规划

1.3.1　能源安全新战略及"双碳"目标的确立

尊重自然，顺应自然，保护自然的绿色发展方式，谋求文明进步与自然进化和谐，是人类社会可持续发展必须遵循的道路。在能源生产与消费领域，需要提高资源利用效率，逐步减少化石能源总量，控制污染排放量，使得社会经济高速发展，生态环境不断改善。

文明是人类超越非人类动物的集体生存方式，文明的发展就是人类智德的进步（智即科学技术，德即道德礼仪）。文明具有器物、制度和观念三维结构，这三者是相互作用和相互影响的。其根本特征是脱离野蛮，从低级向高级不断进化。

人类社会经历了原始文明、农业文明和工业文明几个阶段。原始文明经历了 100 多万年，发展极其缓慢，对自然环境的破坏微乎其微。农业文明经历了几万年，有文字记载的有几千年，比原始文明发展快许多，虽对生态系统有破坏，但因为基本遵循自然界的物质循环和能量流动，故没有导致不可恢复的生态破坏。工业文明源自 18 世纪欧洲的工业革命，以 1776 年发明蒸汽机为起点，发展迅速。工业文明的特征是大量使用煤、石油、天然气、铀等矿物能源，工业文明的发展使人类的物质生产力迅速提高，但同时导致环境污染、生态破坏、气候变化，引起生态危机。工业文明是"黑色发展"，是大量使用矿物能源为基础的大量开发、大量生产、大量消费、大量排放的社会发展方式，容易导致发展不可持续。

1983 年，托夫勒发表著作《第三次浪潮》，论述了人类社会发展的变革，将其划分为不同的阶段，并对未来的发展方式进行预测。他在书中指出，农业革命开始于 1 万年前，生产方式从采集和渔猎向有意识地种植与驯养转变，生活方式也由迁徙向半定居和定居转变，原始文明结束，农业文明兴起，农业文明也经历了三次革命，被称为三个时代，即新石器时代、青铜器时代（公元前 4000 年）和铁器时代（公元前 1400 年）。以瓦特发明蒸汽机（1776 年）为标志的工业革命在 17 世纪末开始兴起，而信息革命以第一台计算机（1946 年 2 月 14 日）在美国宾夕法尼亚大学诞生开始。

第一次工业革命开始于18世纪60年代英国发起的技术革命，那时候机器代替了手工，珍妮纺纱机的出现成为其标志，主要倡导工匠精神。第一次工业革命促进了生产力的发展，大规模工厂化生产催生了资本市场，奠定了资产阶级对世界的统治地位。

第二次工业革命开始于19世纪60年代的电气时代。1866年，西门子制造成功第一台发电机，从此电力替代蒸汽，一次能源通过电力转换，使得其使用方式和范围发生了根本性的变化。自然科学得到极大发展，垄断开始出现。

第三次工业革命开始于20世纪50年代，以原子能利用、计算机普及、空间技术和生物工程的发明和应用为标志。这个阶段以信息技术大发展为主，互联网技术不断地发展和成熟，全球化信息流通。新兴行业的发展出现机遇和挑战并存的局面。

第四次工业革命是德国于2013年在汉诺威工业博览会上提出的。之后，中国提出了"中国制造2025"，德国提出了"工业4.0"，共同指出这是一个万物互联的智能化时代。智能化的极度发展使得制造业从标准化生产转变为定制化生产，资源配置打破了地域概念。

2014年，构建"四个革命，一个合作"的能源安全新战略提出，即推动能源消费革命，抑制不合理能源消费；推动能源供给革命，建立多元供给体系；推动能源技术革命，带动产业升级；推动能源体制革命，打通能源发展"快车道"；全方位加强国际合作，实现开放条件下的能源安全。其中，能源供给革命包括坚持绿色发展导向，大力推进化石能源清洁高效利用，优先发展可再生能源，安全有序发展核电，加快提升非化石能源在能源供应中的比重。大力提升油气勘探开发力度，推动油气增储上产。推动煤电油气产供储消体系建设，完善能源输送网络和储存设施，健全能源储运和调峰应急体系，不断提升能源供应的质量和安全保障能力。

绿色发展就是可持续的发展，这是对我们这一代人提出的要求，既要在前人的基础上发展进步，又要为子孙后代的发展奠定基础，特别是尽可能保护好宝贵的自然资源。

能源是文明的器物的组成部分，是人类社会正常运转不可或缺的现实需求，能源的获取和使用方式的差异代表了不同的文明形态。

构建能源安全新战略是国家整体安全观的能源领域的要求，是解决资源环境突出问题的正确选择，是人类文明发展进步的重要组成部分。

能源安全新战略的提出是从制度上进行规划，基于绿色发展理念构建的能源发展大格局。

2020年9月22日，"2023"和"2060"目标提出，这表示中国将采取更加有力的政策和措施实现新能源的发展，二氧化碳排放量力争于2030年前达到峰值，努力争取

2060 年前实现"碳中和"。这与能源安全新战略是一脉相承的。

党的十九届五中全会指出，到 2035 年基本实现社会主义现代化远景目标，其中包括广泛形成绿色生产生活方式，碳排放达峰后稳中有降，能源资源配置更加合理，利用效率大幅提高。

2020 年 12 月 12 日，我国提出到 2030 年，中国单位国内生产总值二氧化碳排放量将比 2005 年下降 65% 以上，非化石能源占一次能源消费比重将达到 25% 左右，风能和太阳能发电总装机容量将达到 12 亿 kW 以上，明确了"双碳"目标的相关指标。

2020 年 12 月 16 日至 18 日，2020 年中央经济工作会议在北京举行，对做好"碳达峰、碳中和"工作进行安排，提出力争在 2030 年前达到二氧化碳的排放峰值，2060 年前实现"碳中和"。

"碳达峰、碳中和"是我国实现可持续发展、高质量发展的内在要求，也是推动构建人类命运共同体的必然选择。

1.3.2　抽水蓄能电站在能源结构中的作用

1. 风-光-储联合电力电量平衡模型

抽水蓄能在负荷低谷时抽水，负荷高峰时发电，是对全天用电低谷时段过剩电能的储备，在高峰时段进行发电以补充电网需求。

建立风-光-储联合最大出力模型：

$$\max f_1 = \sum_{t=1}^{T} (p_{wt} + p_{vt} + p_{ht}) \tag{1-2}$$

式中：T 表示调度周期；p_{wt} 表示 t 时刻风电场实际调度出力；p_{vt} 表示 t 时刻光伏电站实际调度出力；p_{ht} 表示 t 时刻抽水蓄能电站实际调度出力。$p_{ht} > 0$ 时表示发电，$p_{ht} < 0$ 时表示抽水。

根据日负荷曲线和不同类型电站运行特点看，风-光-储联合出力最大值的计算受诸多条件限制，如风电场出力、太阳能电站出力、抽水蓄能电站上下库库容、抽水发电功率、用电峰谷特性等。总之，风能发电受有无有效风场影响，光伏发电受光照影响，抽水蓄能电站受有无多余电源提供抽水、电网需求等影响。

假设抽水蓄能电站抽水消耗电量均来自风能或太阳能电站，通过抽水蓄能电站的储能转换，将劣质、不稳定电源进行提质，为电网提供安全电源，那么风-光-储联合电力电量平衡模型为：

$$f_2(t) + f_3(t) + f_6(t) = 38\,000 \tag{1-3}$$

$$f_6(t) = (2400N_2 + 2100N_3) \times 0.75 \tag{1-4}$$

如果抽水蓄能电站在 2030 年需要总装机 a 亿 kW，那么抽水蓄能电站可为电网提供有效电量 4029.6a 亿 kW·h，抽水时需要消耗的电量为 5372.8a 亿 kW·h。如果全部由风能和太阳能提供，太阳能有效日照 8h，根据多个城市全年满足发电条件的平均天数约 300 天计算，那么一台大型风力发电机满功率工作时间一年可达 2100h。

假设 2030 年风能发电装机 m 亿 kW，太阳能发电装机 q 亿 kW，风能和太阳能发电全年电量中 5% 提供电网参与调峰，剩余电量提供抽水蓄能发电。

根据参与电力电量平衡有效装机和发电特性，得出：

$$(m+q) \times 5\% \times 24 \times 365 + 4029.6a = 38\,000;$$

$$(2400m + 2100q) - (m+q) \times 5\% \times 24 \times 365 = 5372.8a;$$

那么，求出 $\quad 2400m + 2100q - 38\,000 = 1343.2a;$

$$(m+q)438 + 4029.6a = 38\,000;$$

则，$\quad a = [38\,000 - (m+q) \times 438]/4029.6;$

$$a = (2400m + 2100q - 38\,000)/1343.2。$$

由于假设中提到抽水蓄能电站抽水需要消耗 5372.8a 亿 kW·h 的电量，均由风光电源提供，因此 $(2400m + 2100q) \geq 5372.8a$，$(2400m + 2100q) \geq 38\,000$，则 $18 \geq m + q \geq 2.2a$。

当 $m+q = 18a$ 时，$a = 7.5$；

当 $m+q = 2.2a$ 时，$a = 7.6$；

当 $(2400m + 2100q) = 5372.8a$ 时，$a = 9.4$。

那么，在此假设条件下，抽水蓄能电站总装机规模应达到 7.5 亿~9.4 亿 kW。

2. 多电源联合电力电量平衡模型单因素敏感性分析

根据电力电量平衡模型，对单一电源装机容量进行比例增长时，求得 $m_{综合}$（见表 1-2）。

表 1-2　单一电源增长满足系统时的综合平衡系数分析

清 洁 能 源	增 长 倍 数	$m_{综合}$	
		2021 年	2030 年
抽水蓄能	1.5	1.06	1.46
	2	1.06	1.45
	3	1.05	1.45
	5	1.048	1.44

清洁能源	增长倍数	$m_{综合}$	
		2021 年	2030 年
风能	1.5	1.05	1.45
	2	1.047	1.44
	3	1.03	1.42
太阳能	1.5	1.056	1.45
	2	1.049	1.44
	3	1.09	1.42
常规水电	1.5	0.97	1.33
	2	0.89	1.23
	3	0.77	1.06
同比例增长	1.5	0.96	1.31
	2	0.87	1.20
	3	0.74	1.01

由表 1-2 可知，参与电力电量平衡，敏感性最大的电源为水电，如果水力开发条件允许，只需加大水电的建设，使其装机容量在现有基础上增加到 3 倍，即可基本满足 2030 年的电量需求，同比例增长表 1-2 中 4 种电站装机时，能够快速实现 2030 年电力电量的平衡需求。但根据国内水力开发情况，只有雅鲁藏布江处于待开发状态，其他水电基地的开发基本饱和，要实现常规水电装机规模达到现有 3 倍的目标几乎不太可能，这时抽水蓄能电站的建设显得尤其重要。表 1-2 中列出的抽水蓄能单一电源增加而 $m_{综合}$ 变化不大的原因是当前已建抽水蓄能电站装机规模不大，其倍数增长对于整个电网的影响不明显。

抽水蓄能电站的功能和发电特性需要配备相应的电源为其抽水，常规风能和太阳能发电两种不稳定电源的配套建设必不可少。同比例增长风能、太阳能、抽水蓄能装机规模时，对应的 $m_{综合}$ 见表 1-3。

考虑常规水电的建设历程，雅鲁藏布江部分电站可能投产，到 2030 年，在不增加核电、煤电等一次能源的基础上，抽水蓄能电站装机规模可能会达到现在的 5~7 倍，即 1.5 亿~3 亿 kW·h。

表 1-3　多种电源增长满足系统时综合平衡系数分析

清 洁 能 源	增 长 倍 数	$m_{综合}$	
		2021 年	2030 年
风-光-储同比例增长	2	1.03	1.41
	3	0.99	1.37
	4	0.96	1.32
	5	0.93	1.28
	6	0.91	1.24
	7	0.88	1.21
	10	0.81	1.11

1.3.3　新型电力系统结构预测

按照"双碳"目标的要求，我国将在 2030 年实现"碳达峰"，未来的电源主要是风电和太阳能发电。新型电力系统电力结构包括风能和太阳能发电、水电、核电和其他形式的新能源发电，按照资源条件和国家政策走势，以 2020 年底的数据为基数，电力需求增长率按照 6% 进行计算。截至 2030 年，我国电力系统结构及总规模预测见表 1-4。

表 1-4　截至 2030 年，我国电力系统结构及总规模预测

类　　型	装机容量（万 kW）	占比（%）
煤电	192 100	48.74
常规水电	50 000	12.69
抽水蓄能	12 000	3.04
核电	10 000	2.27
风能和太阳能	120 000	30.45
生物质能及其他	10 000	2.27
合计	394 100	100

按照 6% 的增长率，预计 2030 年电力总装机规模为 394 100 万 kW。

由于风能和太阳能发电接入电力系统规模不低于 12 亿 kW，预计到 2030 年，水电装机容量受资源禀赋制约达到 5 亿 kW，抽水蓄能达到 1.2 亿 kW（中长期规

划），核电达到 1 亿 kW（预计翻一番），生物质能及其他电源按照 1 亿 kW 计，则煤电的装机容量为 19.21 亿 kW。但发展具有不确定性，特别是 2021 年下半年出现缺电情况，可以按 20 亿 kW 考虑。这个煤电规模基本可视为达峰规模。只有抽水蓄能达到一定规模，风能和太阳能发电才能有效发挥作用，煤电装机容量越少，抽水蓄能的占比越要增加。

若继续按照 6% 的增长率计算，预计到 2060 年，总电力装机容量为 2 263 455 万 kW，如果届时人口达到 15 亿，则相当于人均装机容量 15kW，显然这个数值偏高，不符合实际情况。如果以当前发达国家的电力消费水平作为我国 2060 年的电力消费水平，人均电力消费约为 2020 年的 2.5~3 倍，即为 20 万亿~24 万亿 kW·h。考虑大规模风能和太阳能发电的接入电力系统和抽水蓄能的高比例接入，以及综合电力电量平衡要求，装机利用小时数将下降到 2500~3000h，那么电力总装机容量为 70 亿~100 亿 kW，取中间数 85 亿 kW，总发电量 22 亿 kW·h。其中，火电装机容量按照 2030 年"碳达峰"时的 20 亿 kW 计算，常规水电开发全部完成约 5 亿 kW，抽水蓄能按照电力总装机容量的 15% 计算，约 13 亿 kW，核电预计达到 2 亿 kW，生物质能发电达到 1 亿 kW，那么风能和太阳能发电装机容量约为 44 亿 kW。行业内专家预测，2030 年前"碳达峰"时，风电装机容量为 12 亿 kW，2060 年"碳中和"时，风能和太阳能发电装机容量达 50 亿~60 亿 kW。

截至 2060 年（见表 1-5），抽水蓄能与风能和太阳能发电的比例约为 1:3.45。目前国内一些地区的地方政府在授权新能源开发时要求按照 1:4 的比例进行抽水蓄能与风能和太阳能的配置。

表 1-5　截至 2060 年，我国电力系统结构及总规模预测

类　　型	装机容量（万 kW）	占比（%）
火电	200 000	23.60
常规水电	50 000	5.90
抽水蓄能	127 500	15.04
核电	20 000	2.36
风能和太阳能	440 000	51.91
生物质能发电及其他	10 000	1.18
合计	847 500	100

为实现"碳中和"，我国拟以装机总量 60 亿~80 亿 kW、风电和光伏发电共占比

70%、"稳定电源"占比 30% 为目标,规划新型电力系统。

新型电力系统是以新能源为主体的电力系统,是电力行业未来的发展方向。也就是说,未来会用风能和太阳能发电替代传统的燃煤发电。目前的电力结构是向以新能源为主的电力结构转变,风能和太阳能发电的占比逐年上升,当前电力系统中的燃煤发电占比接近 60%,总装机容量为 12 亿 kW,至 2030 年,按燃煤发电新增装机容量约 3 亿 kW 计算,燃煤发电总装机容量为 15 亿 kW。

将能源安全新战略构建、"双碳"目标设立、"碳中和"技术路径进行综合分析,可以提出新型电力系统的定义。

新型电力系统在电力结构方面是以新能源为主,风能和太阳能发电大规模接入电力系统,抽水蓄能电站具有强大的调峰和储能能力,全国联网的特高压输电网络构建,融合 5G、虚拟电厂、区块链、数字孪生、人工智能新技术新模式的数字化转型,以碳汇交易为手段的电力生产和消费的新机制。

5G 具有高速率、低延时、大带宽、大连接等特征,是支撑能源转型的重要战略资源和新型基础设施。

虚拟电厂是一套能源管理系统,将分布式电源、储能、电动汽车等多种可调节资源进行有机结合,通过通信技术与控制技术,对可调节资源进行调控和优化。虚拟电厂通过边缘智能和物联网技术,将分布式电源(DG)、可控负荷、储能、电动汽车等分散在电网的分布式供能(DER)聚合和协调优化,作为一个特殊电厂参与电力市场和电网运行的电源协调管理系统。

利用区块链技术的安全可信、公开透明和分布式多中心的特点,可构建防伪溯源、数据共享、跨境交易的配电物联网信用生态体系。在能源交易平台、虚拟电厂、数据管理等领域,区块链有广阔的应用前景。

数字孪生是物理对象在计算机中的数字模型,通过接收来自物理对象的数据而实时演化,从而与物理对象在全生命周期保持一致。

人工智能是将传统的逻辑思考与分析,运用机器学习、神经网络等核心技术,结合计算机强大的算力,以智能化的方式实现。在电力领域,人工智能赋能各环节在健康运维、仿真优化、智能调度等方面都有广泛应用。

新型电力系统发展具有 9 个特征:

(1)电力装机容量巨大。

(2)我国丰富的风、光资源将逐步转变为主力发电和供能资源。

(3)"稳定电源"从火电为主转为以核电、水电和综合互补的清洁能源为主。

(4)必须利用能量的存储、转化及调节等技术,克服风能、太阳能资源波动性缺陷。

(5)火电只作为应急电源或一部分调节电源。

（6）在现有基础上，成倍增加输电基础设施，平衡区域资源差异。

（7）加强配电基础建设，提高对分布式资源的消纳能力。

（8）高度数字化的智能电网。

（9）科学合理的碳交易政策和市场运行机制。

第2章

抽水蓄能电站的发展及工作原理

2.1 抽水蓄能电站的发展现状

抽水蓄能技术发展很快,从抽水蓄能电站出现至今已有 140 多年,与其他储能方式相比,抽水蓄能已成为电力系统内技术较成熟、经济效益较高的电能调节方式。在今后的发展中,抽水蓄能电站将在保障电网坚强、灵活调控和新能源改革方面发挥更突出的作用。

2.1.1 全球抽水蓄能电站的发展现状

1882 年,在瑞士苏黎世建成的奈特拉是世界首座抽水蓄能电站,其规模为 515kW,主要功能是蓄水,可解决常规水电站的汛期和枯水期水量不平衡问题。20 世纪 50 年代,西欧的抽水蓄能电站总容量占全球总容量的 35%~40%,其技术和总容量均领先于世界其他地区。从 20 世纪 60 年代后期开始,美国的抽水蓄能电站蓬勃发展,总装机容量跃居世界第一,逐渐成为抽水蓄能领域的领导者。1990 年以后,美国在抽水蓄能方面的发展速度逐渐减慢,而此时日本大力发展抽水蓄能,逐渐成为这个领域的领军国家。

20 世纪 70 年代,世界抽水蓄能电站发展较快,共增加 700 多万 kW 装机容量。之后的十年,各国发展抽水蓄能的步伐明显放慢,此时亚洲各国随着高耗电企业的发展也开始大力发展抽水蓄能。

20 世纪 60 年代,由于核电站的兴建,抽水蓄能电站得到真正规模化发展,主要作用是调峰和备用。全世界抽水蓄能电站装机容量于 1970 年达到 1600 万 kW,1980 年达到 4600 万 kW,1990 年达到 8300 万 kW,截至 2019 年底,世界已建抽水蓄能电站装机容量达 1.58 亿 kW。

2.1.2 我国抽水蓄能电站的发展现状

中国的抽水蓄能电站建设起步较晚,开始于 20 世纪 60 年代后期,直到 20 世纪 90 年代初才取得一定进展。2000 年左右,由于电力调峰能力普遍不足,抽水蓄能电站的建设出现了一轮投资高峰,泰安、宜兴、桐柏等一批大型抽水蓄能电站开始建设。

随着"2030 年前实现碳达峰、2060 年前实现碳中和"目标的提出,明确要求到 2030 年非化石能源占一次能源消费比重达到 25% 左右,风能和太阳能发电总装机容量达到 12 亿 kW 以上。2021 年 10 月 24 日,《中共中央 国务院关于完整准确全面贯彻新发展理念 做好碳达峰碳中和工作的意见》和《2030 年前碳达峰行动方案》发布，为全面推进"碳达峰、碳中和"工作指明了方向，提出了加快建设新型电力系统的发展目标。

2021 年，为加快推进抽水蓄能电站建设，国家发展改革委印发了 633 号文，国家能源局印发了《抽水蓄能中长期发展规划（2021—2035 年）》（以下简称《规划》），作为指导未来抽水蓄能发展的纲领性文件，为抽水蓄能快速发展奠定了坚实的基础。

抽水蓄能是当前技术最成熟、经济性最优、最具大规模开发条件的电力系统绿色低碳清洁灵活调节能源，与风能和太阳能发电、核电、火电等配合效果较好。加快发展抽水蓄能技术是构建新型电力系统的迫切要求，是保障电力系统安全稳定运行的重要支撑，是可再生能源大规模发展的重要保障。"十四五"期间，我国抽水蓄能产业将全面进入高质量发展新阶段。

1. 资源概况

20 世纪 80 年代中期，为了解决电网调峰等困难，华北电网有限公司、华东电网有限公司等有关单位组织开展了重点区域的抽水蓄能电站资源调查和规划选点工作。2009—2013 年，国家能源局组织水电水利规划设计总院（以下简称水电总院）、国网新源控股有限公司和南网调峰调频发电公司等单位开展了抽水蓄能电站选点规划工作，规划推荐抽水蓄能站点 59 个，总装机容量为 7485 万 kW。"十三五"期间，国家能源局在广西等 12 个省（区）组织开展了选点规划或规划调整工作，增加规划推荐站点 22 个，总装机容量为 2970 万 kW。

截至 2020 年底，我国陆续开展 25 个省（区、市）的抽水蓄能电站选点规划或规划调整工作，批复的规划站点总装机容量约为 1.2 亿 kW。2020 年，国家能源局组织各省（市、区）能源行业主管部门开展新一轮全国抽水蓄能规划，综合考虑地理位置、地形地质、水源条件、水库淹没、环境影响、工程技术条件等因素，进一步普查并筛选出资源站点 500 余个，总装机容量约为 16 亿 kW。在此基础上，《规划》提出重点实施项目和备选项目总装机容量约为 7.2 亿 kW。

截至 2022 年 10 月底，中国已纳入规划的抽水蓄能站点资源中，东北、华北、华东、华中、南方、西南、西北电网的资源量分别为 10 500 万 kW、8670 万 kW、10 500 万 kW、12 500 万 kW、9700 万 kW、14 300 万 kW、15 900 万 kW，总资源量约为 8.21 亿 kW。2022 年，山西省成为《规划》发布后首个新增调整纳规项目的省份，具有非常重要的示范意义。

2. 发展历程

由于电力负荷增长速度放慢、天然气电站快速发展，因此抽水蓄能电站在 20 世纪 90 年代的新建速度逐步放缓。近年来，随着风能和太阳能发电等新能源项目的快速发展，抽水蓄能电站的调节功能重获重视。

（1）萌芽阶段（1910—1993 年）。

昆明螳螂川上的石龙坝水电站于 1910 年 7 月开工，1912 年 4 月发电，最初装机容量为 480kW，是中国第一座水电站。1935 年，为解决旱季水源不足问题，建成了中滩抽水站和平地哨蓄水拦河坝，安装德国西门子公司制造的 105kW 轴流式抽水机两部，每部抽水量为 5m³/s，提高水头 1.5m，以补充低水位时期发电用水。这是我国抽水蓄能电站的雏形。

1968 年，我国首次在河北平山县岗南水库安装了一台从日本进口的 1.1 万 kW 抽水蓄能机组，开启了中国抽水蓄能的先河。

中国抽水蓄能真正起步的时间是 1973—1975 年，当时已经运营了 15 年的北京密云水库白河水电站分别改建安装了两台 1.1 万 kW 抽水蓄能机组。与岗南抽水蓄能机组不同的是，白河水电站改建安装的抽水蓄能机组并非进口设备，而是由天津发电设备厂生产的。正因如此，这两座小型混合式抽水蓄能电站的投运有特殊的意义。但这些机组有一些缺点：水头低，容量小，发挥作用有限。

西藏羊卓雍措抽水蓄能电站始建于 1989 年。1991 年 5 月 25 日，主体工程开工，1997 年投产发电，总装机容量为 11.25 万 kW（5kW×2.25kW），湖水面高 4400m 左右，是世界上海拔最高（厂房地面 3600m）、中国水头最高（840m）的抽水蓄能电站，解决了拉萨燃料（普遍使用牛粪）不足的问题。

（2）初创阶段（1993—2004 年）。

自 20 世纪 90 年代以来，华北、华东、广东等电网的调峰供需矛盾日益突出，为配合核电、火电运行，以及作为重点地区安保电源，一大批抽水蓄能电站建立起来。

广州抽水蓄能电站一期工程的第一台机组于 1993 年 8 月投产，次年全部建成，是中国建设的第一座大型抽水蓄能电站。广州抽水蓄能电站位于广东省从化市，距离广州 90km，它的重要历史使命是保障大亚湾核电站平稳安全运行，并为广州电网调峰、调频、调相及事故备用。2000 年 6 月，广州抽水蓄能电站两期工程的 4 台可逆式水泵水轮机全部投产。该电站单体容量达到 30 万 kW，总容量为 240 万 kW，是当时世界上装机容量最大的抽水蓄能电站。

广州抽水蓄能电站的建设、投运标志着改革开放后，国民经济的快速发展倒逼电力产业迅速发展，抽水蓄能电站的建设被按下了加速键。1992 年 9 月，北京十三陵抽水蓄能电站开工建设，总装机容量为 80 万 kW，于 1997 年全部建成。同时，浙江天荒坪抽水蓄能电站 180 万 kW 机组开工。

到 2000 年底，我国抽水蓄能电站总装机容量达到 552 万 kW。该阶段的抽水蓄能电站在机组技术标准、工程建设、项目管理等方面已达到较高水平，电站单机容量和装机规模也达到较高水平，但机组设计和制造依然严重依赖进口。

2002 年 2 月，《国务院关于印发电力体制改革方案的通知》（国发〔2002〕5 号）提出政企分开、厂网分开、主辅分离、输配分开和竞价上网的目标。2002 年 12 月，国家电力公司被拆分为 11 家新的公司，两大电网公司（国家电网和南方电网）和五大四小发电企业的电力新格局由此形成。

此次电力体制改革使得发电企业开始发力，中国发电量迅速上升，但抽水蓄能发电却不太理想，因为抽水蓄能的特点是运行的费用在电网侧，效益却产生在发电侧。电力体制改革后，电网企业和发电企业各司其职，需要厂网配合的抽水蓄能电站的地位变得尴尬，电网企业和发电企业都缺乏投资热情。

（3）规范性阶段（2004—2014 年）。

2004 年，《国家发展改革委关于抽水蓄能电站建设管理有关问题的通知》（发改能源〔2004〕71 号）（以下简称 71 号文）指出，抽水蓄能电站要根据各电力系统的不同特点和厂址资源条件，与电网和常规电源统一纳入电力中长期发展规划，按照区域电网范围进行统一配置。71 号文还明确指出，抽水蓄能电站原则上由电网经营企业建设和管理，具体规模、投资与建设条件由国务院投资主管部门严格审批，其建设和运行成本纳入电网运行费用统一核定。而发电企业投资建设的抽水蓄能电站要服从电力发展规划，作为独立电厂参与电力市场竞争。文件下发前已审批但未定价的抽水蓄能电站作为遗留问题由电网企业租赁经营，租赁费由国务院价格主管部门按照补偿固定成本和合理收益的原则核定。此后，71 号文下发前建设的抽水蓄能电站投资方纷纷开始退股，电网公司渐渐地掌握了抽水蓄能电站的建设权和运营权。抽水蓄能行业进入"网建网用"的发展模式。

在中国电力体制改革和电力市场化不断推进的过程中，抽水蓄能电站的成本如何回收成为建设、发展抽水蓄能电站的关键因素。尽管抽水蓄能电站在系统安全运行保障方面具有不可替代的优势，但合理的电价机制才是调动抽水蓄能电站企业发电积极性和保障电站调峰调频作用的关键因素。

从 2005 年至今，抽水蓄能电站开始专业化发展，国家电网有限公司成立国网新源控股有限公司，南方电网公司成立调峰调频发电公司，以这两个抽水蓄能专业运营公司为标志，为电网提供调峰、调频、调相等辅助服务。

2007 年 7 月，《国家发展改革委关于桐柏、泰安抽水蓄能电站电价问题的通知》（发改价格〔2007〕1517 号）（以下简称 1517 号文）进一步细化规定，71 号文下发后审批的抽水蓄能电站由电网企业全资建设，不再核定电价，其成本纳入电网运行费用统一核定；71 号文下发前已通过审批但未定价的抽水蓄能电站，作为遗留问题由电网企业租赁经营，租赁费按照补偿固定成本和合理收益的原则核定，核定的抽水蓄能电站租赁费原则上由电网企业承担 50%，发电企业和用户各承担 25%。

我国抽水蓄能电站于 2004 年明确由电网经营企业为主进行建设管理，经过十年的发展，到 2014 年底，其产业规模跃居世界第三，发展规划、产业政策和技术标准基本完善，设备制造实现完全国产化，抽水蓄能产业呈现健康有序发展的良好局面。

（4）规模化发展阶段（2014—2020 年）。

2014 年，《国家发展改革委关于完善抽水蓄能电站价格形成机制有关问题的通知》（发改价格〔2014〕1763 号）（以下简称 1763 号文）明确，在电力市场形成前，对 2014 年 8 月 1 日投产的抽水蓄能电站实行两部制电价，还规定了抽水蓄能电站成本回收方式。同年，《国家发展改革委关于促进抽水蓄能电站健康有序发展有关问题的意见》（发改能源〔2014〕2482 号）（以下简称 2482 号文）明确，要完善政策、加快发展，到 2025 年，全国抽水蓄能电站总装机容量达到约 1 亿 kW，占全国电力总装机容量的 4%左右；强调抽水蓄能电站目前以电网经营企业全资建设和管理为主，逐步建立引入社会资本的多元市场化投资体制机制。

2015 年 3 月 15 日，《中共中央国务院关于进一步深化电力体制改革的若干意见》（中发〔2015〕9 号）促使新一轮电力改革拉开帷幕。此次电力改革以"放开两头，管住中间"为体制框架，涉及电价改革、电网独立、放开市场等内容，为建立统一的电力市场奠定了基础。

2015 年 1 月，《国家能源局关于鼓励社会资本投资水电站的指导意见》（国能新能〔2015〕8 号）发布，2016 年 11 月，国家能源局发布《水电发展"十三五"规划（2016—2020 年）》，鼓励抽水蓄能投资主体多元化，指出未明确开发主体的抽水蓄能电站可通过市场方式选择投资者。2016 年，我国输配电价核定办法规定抽水蓄能电站不得计入输配电定价成本，自此抽水蓄能迎来了成本疏导的难题。2017 年 9 月，国家发展改革委、财政部、科学技术部、工业和信息化部、国家能源局共同印发《关于促进储能技术与产业发展的指导意见》（发改能源〔2017〕1701 号），要求加强电力体制改革与储能发展市场机制的协同对接，结合电力市场建设研究形成储能应用价格机制；结合电力体制改革，研究推动储能参与电力市场交易获得合理补偿的政策和建立与电力市场化运营服务配套的储能服务补偿机制；推动储能参与电力辅助服务补偿机制试点工作，建立配套的储能容量电费机制。

2019 年 5 月，国家发展改革委、国家能源局关于印发《输配电定价成本监审办法》的通知（发改价格规〔2019〕897 号），规定抽水蓄能电站、电储能设施不计入输配电定价成本。上述规定表明电网企业开发抽水蓄能电站不可将建设成本计入电价中，这也说明没有成本回收的通道。2019 年 12 月，国家发展改革委发布的《省级电网输配电价定价办法（修订征求意见稿）》再次强调，抽水蓄能电站不得纳入可计提收益的固定资产范围。这表明建设抽水蓄能电站的成本无法通过产业链进行回收。

2019 年 12 月，国家电网有限公司印发的《关于进一步严格控制电网投资的通知》（国家电网办〔2019〕826 号）明确指出：不得以投资、租赁或合同能源管理等方式开展电网侧电化学储能设施建设，不再安排抽水蓄能新开工项目。

2020 年 2 月，国家电网有限公司印发的《2020 年改革攻坚重点工作安排》（国家电网体改〔2020〕8 号）指出：研究探索跨区输电、抽水蓄能、国际业务上市可行性；引资本与转机制并重，建立混改企业更加贴近市场的激励约束机制；争取出台抽水蓄能容量电费价格疏导机制，力求通过政策扶持与推进市场化降低抽水蓄能电站成本。

（5）高速发展阶段（2020 年至今）。

2020 年 9 月 22 日，"双碳"目标的提出使得抽水蓄能电站进入高速发展阶段。

根据《中国可再生能源发展报告 2020》，截至 2020 年底，我国抽水蓄能装机容量为 3149 万 kW，在建规模为 5373 万 kW，开发规模居世界首位。考虑电力系统的需求，我国抽水蓄能电站装机容量仍将大幅提升。抽水蓄能历年装机容量和项目核准情况见图 2-1。

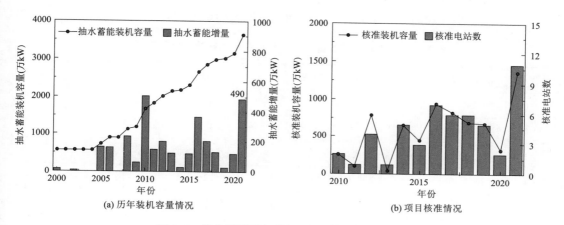

(a) 历年装机容量情况　　　　　　　　　(b) 项目核准情况

图 2-1　抽水蓄能历年装机容量和项目核准情况

2021 年 4 月 30 日，《国家发展改革委关于进一步完善抽水蓄能价格形成机制的意见》（发改价格〔2021〕633 号）提出，今后一段时期，加快发展抽水蓄能电站，现阶段要坚持以两部制电价政策为主体，进一步完善抽水蓄能价格形成机制，以竞争性方式形成电量电价，将容量电价纳入输配电价回收，同时强化与电力市场建设发展的衔接，逐步推动抽水蓄能电站进入市场，加快确立抽水蓄能电站独立市场主体地位，推动电站平等参与电力中长期交易、现货市场交易、辅助服务市场或辅助服务补偿机制，为抽水蓄能电站加快发展、充分发挥综合效益创造更有利的条件。633 号文明确的抽水蓄能电站电价政策为社会资本进入抽水蓄能行业树立了市场信心。此外，2021 年相继印发了《国家发展改革委 国家能源局关于加快推动新型储能发展的指导意见》（发改能源规〔2021〕1051 号）、《国家发展改革委关于进一步完善分时电价机制的通知》（发改价格〔2021〕1093 号）（以下简称 1093 号文）等一系列文件。1093 号文强调各地要统筹考虑当地电力系统峰谷差率、新能源装机占比、系统调节能力等因素，合理确定峰谷电价价差，上年或当年预计最大系统峰谷差率超过 40% 的地方，峰谷电价价差原则上不低于 4∶1，其他地方原则上不低于 3∶1。而早期的抽水蓄能电站作为电源项目能够存在的条件是峰谷电价差达到 4：1 即可。

2021 年，安徽绩溪、河北丰宁、吉林敦化、浙江长龙山、黑龙江荒沟、山东沂蒙、广东梅州和阳江、福建周宁等地区的抽水蓄能电站项目的部分机组投产发电，新增投产装机规模为 490 万 kW；新核准黑龙江尚志、浙江泰顺和天台、江西奉新、河南鲁山、湖北平坦原、重庆栗子湾、广西南宁、宁夏牛首山、广东梅州二期、辽宁庄河等抽水蓄能项目，核准装机规模为 1370 万 kW，是历年来核准规模最大的一年，远高于 2020 年的核准规模。同时，超过 2 亿 kW 的抽水蓄能电站正在开展前期勘测设计工作。截至 2021 年底，我国抽水蓄能电站在运项目 40 座，装机容量为 3639 万 kW，在建项目 48 座，装机容量为 6153 万 kW（见表 2-1）。目前，已建和在建抽水蓄能项目主要分布在华东、华中、华北和南方、东北电网，而西北电网和西南电网较少。

表 2-1　2021 年全国各省（区、市）在运和在建抽水蓄能项目

序号	项目所在地	在运项目	在建项目	装机容量（万 kW）
1	北京	十三陵	—	80
2	河北	张河湾、潘家口、丰宁	尚义、易县、丰宁、抚宁	867
3	山西	西龙池	浑源、垣曲	390
4	内蒙古	呼和浩特	芝瑞	240
5	辽宁	蒲石河	清原、庄河	400
6	吉林	白山、敦化	敦化、蛟河	290
7	黑龙江	荒沟	荒沟、尚志	240
8	江苏	溧阳、宜兴、沙河	句容	395
9	浙江	天荒坪、仙居、桐柏、溪口、长龙山	长龙山、宁海、磐安、缙云、衢江、泰顺、天台	1518
10	安徽	响水涧、琅琊山、绩溪、响洪甸	金寨、桐城	596
11	福建	仙游、周宁	周宁、永泰、厦门、云霄	680
12	江西	洪屏	奉新	240
13	山东	泰安、沂蒙	沂蒙、潍坊、泰安二期、文登	700
14	河南	宝泉、回龙	洛宁、鲁山、天池、五岳	612
15	湖北	白莲河、天堂	平坦原	267
16	湖南	黑麋峰	平江	260
17	广东	惠州、广州、清远、深圳、梅州、阳江	阳江一期、梅州一期、梅州二期	1088
18	广西	—	南宁	120

续表

序号	项目所在地	在运项目	在建项目	装机容量（万 kW）
19	海南	琼中	—	60
20	重庆	—	蟠龙、栗子湾	260
21	陕西	—	镇安	140
22	宁夏	—	牛首山	100
23	新疆	—	阜康、哈密	240
24	西藏	羊卓雍措湖	—	9

随着一大批标志性抽水蓄能电站相继建设，我国抽水蓄能电站工程技术水平显著提升，调度运行、水沙调控、库盆防渗、高水头压力管道、复杂地下洞室群及施工技术等达到了世界领先水平或者先进水平，关键设备与机组研发基本实现国产化，基本形成涵盖标准制定、规划设计、工程建设、装备制造、运营维护的全产业链发展体系和专业化发展模式。

3. 未来需求预测

按照国家提出的"十四五"末可再生能源发电装机容量占比超过 50% 的目标，新能源将呈现超常规、跨越式的发展。随着新能源占比的不断提高，新型电力系统的特征不断增强，新能源对系统调节资源的需求越来越大。尤其是大规模"靠天吃饭"的风能和太阳能发电并网后，呈现高电力电子化的特征，风能和太阳能发电在高峰时段难以发挥顶峰作用，在极端天气条件下，新能源出力受限。

在"碳中和"条件下，电力系统约束了煤电电量，进而约束了在网煤电机组容量。正常情况下，通过新能源预测可以提前增加在网备用容量以应对新能源出力波动，但预测难以保证达到 100% 的准确性，或存在小时乃至十小时级实际出力与预测偏差的情况。水电受制于水库的调节能力和地理分布，气电与煤电受制于碳排放约束容量。相比之下，抽水蓄能是目前技术最成熟、经济性最优、最具大规模开发潜力的绿色低碳清洁电源，可以在所有场景中发挥电力支撑和电量保障作用。

构建新型电力系统对抽水蓄能发展的更高要求主要体现在两个方面，一是大规模发展，二是较快发展。根据大规模、较快发展的要求：首先，要快速适应风能和太阳能的大规模高比例发展，2030 年"碳达峰"时，风能和太阳能装机规模达到 12 亿 kW 以上；其次，结构调整要求抽水蓄能电站大规模、较快发展，由于抽水蓄能电站建设周期为 8~10 年，而风能和太阳能发电站建设周期为 2~3 年，因此，抽水蓄能需要尽快与之适应，必须大幅度缩短建设工期；最后，解决之前发展滞后的问题，按照 2016~2020 年安排，2020 年应达到投产 6000 万 kW 的规模，但实际情况是，2020 年底的投产规模为 3100 万 kW。截至 2021 年底，我国抽水蓄能电站建成、投产规模仅 3639 万 kW。"十四五"期间，预计在此基础上，核准开工规模 1 6000 万 kW，到 2025 年，投产总规模达 6200 万 kW，较"十三五"翻一番；"十五五"期间，新增核准开工规模 8000 万 kW，到 2030 年，投产总规模达 12 000 万 kW，再翻一番（见图 2-2）。

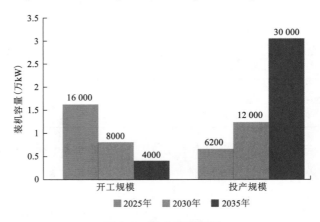

图 2-2　抽水蓄能规划

未来 10 年，抽水蓄能市场新增投资将超万亿元，抽水蓄能产业将成为各建筑类企业、勘测设计企业和装备制造企业竞争的新领域。

过去，抽水蓄能电站是电力系统中的"奢侈品"，市场容量不大，每年投运机组 3 台或 4 台，规模不足 200 万 kW。现在，它是系统稳定安全的必需品，"十四五"期间，年均投产规模要超 600 万 kW。未来 20 年，新增投产规模将超 30 000 万 kW，是现有规模的 8 倍多。可见，抽水蓄能工程建设的任务繁重而艰巨。

2.2　抽水蓄能电站的分类与特点

2.2.1　抽水蓄能电站的分类

抽水蓄能电站可按不同的情况分为不同的类型。

（1）按电站有无天然径流可将其分为两大类：纯抽水蓄能电站和混合式抽水蓄能电站。

纯抽水蓄能电站没有或只有少量天然来水进入上水库（用来补充蒸发、渗漏损失），而作为能量载体的水体基本保持一个定量，只是在一个周期内会在上下水库之间往复利用；厂房内安装的全部都是抽水蓄能机组，其主要功能是调峰填谷、系统事故备用等，不承担常规发电和综合利用等任务。

混合式抽水蓄能电站的上水库有天然径流汇入，来水流量已达到能安装常规水轮发电机组承担系统的负荷，其电站厂房内安装的机组为常规水轮发电机组和抽水蓄能机组。相应地，这类电站的发电量也由两部分构成，一部分为抽水蓄能发电量，另一部分为天然径流发电量。这类水电站的功能，除了调峰填谷和承担系统事故备用等，还有常规发电和满足综合利用要求等任务。

（2）按水库调节性能可将其分为三大类：日调节抽水蓄能电站、周调节抽水蓄能电站和季调节抽水蓄能电站。

日调节抽水蓄能电站的运行周期呈日循环规律。蓄能机组每天承担一次（晚间）或两次（白天和晚上）尖峰负荷，晚峰过后，上水库放空，下水库蓄满；继而利用午夜负荷低谷时系统的多余电能抽水，至次日清晨，上水库蓄满，下水库被抽空。纯抽水蓄能电站大多为日调节抽水蓄能电站。

周调节抽水蓄能电站的运行周期呈周循环规律。在一周的 5 个工作日中，蓄能机组如同日调节抽水蓄能电站一样工作。但每天的发电用水量大于蓄水量，在工作日结束时，上水库放空，在双休日期间由于系统负荷降低，利用多余电能进行大量蓄水，至周一早上，上水库蓄满。我国第一个周调节抽水蓄能电站为福建仙游抽水蓄能电站。

季调节抽水蓄能电站在每年汛期，利用电站的季节性电能作为抽水能源，将电站多余的水量抽到上水库蓄存起来，在枯水季放水发电，以弥补天然径流的不足。这样可将原来汛期的季节性电能转化为枯水期的保证电能。这类抽水蓄能电站大多为混合式抽水蓄能电站。

（3）按站内安装的抽水蓄能机组类型可将其分为三大类：四机分置式抽水蓄能电站、三机串联式抽水蓄能电站和二机可逆式抽水蓄能电站。

四机分置式抽水蓄能电站由水轮机与发电机组成的水轮发电机组和电动机与水泵机组成的水泵机组组成，共有 4 台机组，输水系统与输、变电系统由水轮发电机组和水泵机组共同使用。由于水轮发电机组与水泵机组是分开的，因此两种机组都可保持最佳工作状态，而且效率高，但系统复杂、占地大、投资多，现已很少采用。

三机串联式抽水蓄能电站的水泵、水轮机和电动发电机三者同轴运转。通常，水泵与水轮机旋转方向相同，这样可在抽水工况与发电工况之间迅速切换。由于水泵与水轮机各按最佳状态设计，因此效率很高。一些超高水头的抽水蓄能机组常采用这种形式，因此，冲击式水轮机仍是其首选，多级高压水泵技术也很成熟。

空化会严重影响水泵的抽水性能，为了防止空化，机组必须安装在下水库水平线以下较深的地方，水轮机转轮室会充满水，由于冲击式水轮机的水轮浸没在水中会受到很大的阻力，因此，必须注入压缩空气把水轮机转轮室的水压到转轮以下。水轮机与水泵通往水库的管道都装有阀门（球阀），在水轮机转轴与水泵转轴之间有离合器。机组在发电运行时，关闭水泵阀门防止水流出，离合器分离使水泵不会跟随水轮机旋转，避免能量损失，打开水轮机阀门，水轮机带动电动发电机发电；机组在抽水运行时，关闭水轮机阀门，离合器接合，打开水泵阀门，电动发电机带动水泵旋转抽水，虽然水轮机转轮跟着旋转，但在空气中旋转时阻力很小。

三机串联式抽水蓄能电站的缺点：机组机轴太长；厂房高度加高；进出水需两套设备，投资大。

在三机串联式机组的电动发电机与水轮机之间也安装了离合器，抽水时水轮机不会跟着旋转，水轮机转轮室内也不用充气，效率更高，但必须把电动发电机安装在中间。这种机组安装麻烦，而且混凝土结构也很复杂，投资会更大。

二机可逆式抽水蓄能电站的机组由可逆水泵水轮机和电动发电机组成。机组的水轮机又具备水泵功能（称为水泵水轮机），发电机又可作电动机使用（称为电动发电机），两者连在一根轴上，其水泵水轮机采用的是混流式水轮机，因为混流式水轮机既可以作为水轮机使用，又可以作为水泵使用，使用水头范围很广。这种机组结构简单、总造价低、土建工程量小，是现代抽水蓄能电站使用的主要机组形式。

（4）按厂房的布置特点可将其分为三大类：首部式布置抽水蓄能电站、中部式布置抽水蓄能电站和尾部式布置抽水蓄能电站。

首部式布置抽水蓄能电站（见图 2-3）的地下厂房位于输水道的上游。当上水库与下水库之间的山坡是逐渐倾斜的，上水库和下水库之间的水位差不太大时，可采用首部式布置，高压的引水管道（压力管道）很短，可用尾水道代替压力管道。由于压力管道短，因此可省去上水库调压井，只需要建尾水调压井即可，这样可以大大降低工程造价。

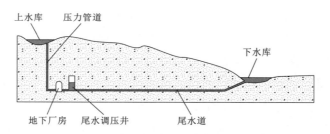

图 2-3 首部式布置抽水蓄能电站示意

中部式布置抽水蓄能电站（见图 2-4）的地下厂房位于输水道的中部。当上水库到下水库方向有一段较高地势时，可在上水库向下水库方向建一段引水管道，再用一段引水管道通向地下厂房，其到下水库的尾水道采用的是低压管道，这样可降低工程造价。中部式布置抽水蓄能电站需要两个调压井：一个是上水库调压井，建在上水库引水管道末端，直通大气；另一个是尾水调压井，建在尾水道靠地下厂房附近。中部式布置抽水蓄能电站是目前采用较多的布置方式。

尾部式布置抽水蓄能电站（见图 2-5）的地下厂房位于输水道的末端。抽水蓄能

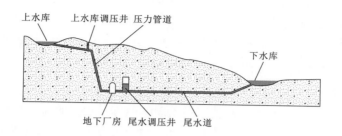

图 2-4　中部式布置抽水蓄能电站示意图

电站水头较低，上水库向下水库方向的地势较高，在上水库向下水库方向建一段引水管道，引水管道尾部建调压井，紧接一段压力管道，经地下厂房布置一段较短的尾水道，由于地下厂房靠近下水库，故称为尾部式布置抽水蓄能电站。这种布置方式的工程造价较低，有利于尽快进入主工期厂房开挖阶段。

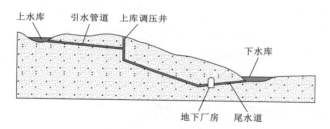

图 2-5　尾部式布置抽水蓄能电站示意图

2.2.2　抽水蓄能电站的特点

与常规水电站相比，抽水蓄能电站具有多个优势：选址灵活，不受河流梯级衔接的制约；基本不消耗水资源；工程规模可大可小；可以相对灵活地避开高边坡、滑坡、泥石流等地质灾害；导流工程十分简单，防洪度汛要求较低；建筑物布置简单；施工关键线路清晰；环境影响小；移民规模不大；大多数抽水蓄能电站可结合旅游进行开发；项目核准权力下放，可快速实施。

2.3　抽水蓄能电站的工作原理

抽水蓄能电站是一种特殊形式的电站，主要建筑物包括上水库、下水库、输水系统、发电厂房、开关站等。电站调节水量在上水库和下水库中循环使用，除蒸发和渗漏损失外，水量损耗较小。电站运行时，上水库和下水库水位及水面面积均产生相应变化。电站抽水时，上水库水位抬高、水域面积增加，相应地，下水库水位下降、水域面积减少，发电时则相反。

抽水蓄能电站是利用电网负荷低谷时段的富余电量将下水库的水抽到上水库进行势能储存，再在电网负荷高峰时段将储存的势能转化为电能，从而解决电网调峰填谷的需求。

抽水蓄能电站与常规水电站有相同和不同的地方。相同的地方是技术逻辑，比如，工程建筑物的布置设计、设备制造安装、施工实施组织等需要控制的要素，水土保持与环境保护，建设征地与移民，对水文地质条件的要求等。两者最大的差别是运行方式和在电力系统中的地位和作用。

关于运行方式：常规水电站只有单一的发电方式，在电力系统中主要发挥基荷作用；抽水蓄能电站有放水发电和用电抽水两种方式，在电力系统中主要发挥调峰、调频、黑启动等作用。

关于在电力系统中的地位和作用：常规水电站运行受河流来水条件和系统调度双向控制，其基本要求是做到不弃水；承担系统调峰的抽水蓄能电站，其运行完全靠系统调度，每天在两个方式之间来回转换，可能全年都在使用，也可能长期处于备用状态。多能互补的电源侧抽水蓄能电站则是根据系统的用电需求和与之配套的新能源电站出力情况运行，尽可能提高新能源的利用率。

2.3.1 抽水蓄能电站建筑物与机电设备

抽水蓄能电站大部分为日调节电站，承担一日内电力供需不均衡调节任务，其上水库和下水库水位变化的循环周期为一日。

抽水蓄能电站与常规水电站相比增加了扬程的概念。最大扬程指上水库正常水位与下水库死水位的差值，加上同一水力单元全部机组水泵工况抽送对应水头最大流量时扬程增加值后的扬程。最小扬程指上水库死水位与下水库正常水位的差值，加上单台机组水泵工况对应水头最小流量时扬程增加值后的扬程。

上水库和下水库是为抽水蓄能电站存储水量的工程设施，依河段宽阔处、山间洼地、河岸滩地、台地等位置修建，需要在良好的库容条件地形中进行比选。

输水系统包括发电与抽水的进水、引水、尾水的渠道、隧洞、管道及水流控制建筑物，包括上水库进水口、出水口、引水隧洞、高压管道、尾水隧洞，下水库进水口、出水口和闸门室、调压室、岔管等建筑物。

抽水蓄能电站的水轮发电机组也称为可逆式机组，其具有水泵水轮机两种工作方式和正反两种旋转方向，并由水泵水轮机和发电电动机组成水力机组。其中的发电电动机在水库放水发电时是发电机工况，在抽水蓄能时为电动机工况。同理，水泵水轮机也具有发电时的水轮机工况和抽水时的水泵工况。机组均可以在两种工况下运行，水流和电流可以正向流动，也可以逆向流动。

电站接入电力系统后，发电时将电力送入电力系统，抽水时从电力系统获取电力，在电站与接入点之间，电力潮流有正反两个方向。

2.3.2　抽水蓄能电站基本条件与装机规模

抽水蓄能电站的装机规模受水头差和上水库及下水库的调节库容制约，同时与装机发电利用小时有关，基本条件为：上水库和下水库有库容条件；有一定的水头差；具备一定的水源条件。

经验公式为：

$$N = 8 \times Q \times H \tag{2-1}$$

式中：N 为装机容量（kW）；Q 为电站引用流量（m^3/s）；H 为上下游水头差（m）。

Q 与发电利用小时（h）有关，当调节库容为 V 时，$Q = V/h$。

假设系统要求发电利用小时为 5h，上水库和下水库调节库容为 18 000m^3，相应流量 $Q = 1m^3/s$，上下游水头差为 500m，则该电站可装机容量为 4000kW。

根据目前已建和在建抽水蓄能电站情况及运行情况，当水头差为 500m 左右时，单机 30 万 kW，单座电站 120 万 kW 的抽水蓄能电站居多，其运行的稳定性和可靠性最好。

抽水蓄能上水库和下水库进出水口之间的水平距离与额定水头的比值为距高比。从节省建筑物工程量考虑，距高比为 4∶6 最适宜。当最大距高比超过 9 时，输水系统线路长，工程量大，水头损失大，机组运行稳定性差，技术经济指标不利。当最大距高比小于 3 时，输水发电系统建筑物布置会十分拥挤，技术难度大。

2.3.3　抽水蓄能电站的功能

抽水蓄能可以把低价值能源转换为高价值能源，可以优化系统能源资源的利用，实现对不同价值、不同质量电能的时空移动，可以创造比消耗的能源多得多的经济价值。这是当前及之前传统电力系统抽水蓄能电站的基本价值。

在新型电力系统逐步构建的条件下，抽水蓄能电站除了发挥传统的作用，还在保障电网安全稳定运行和电力有序供应，提高清洁能源利用水平，改善电网发、配、用各环节性能，充当事故应急电源，电力系统大面积停电发生后及时恢复供电的黑启动等方面，发挥不可替代的作用。

相比煤电和气电，抽水蓄能（水电）机组启动时间短，调节速度快，从关机状态开至满发状态最快可用 2min。

相比常规水电站，抽水蓄能电站更靠近负荷中心，即使大幅增发也不影响系统稳定，且支撑系统电压的作用更强。

黑启动是指整个电网崩溃后，全部停电，系统处于全"黑"状态，但不依赖别的电网，而是通过具有自启动能力的发电机组启动，带动无自启动能力的发电机组，逐渐实现整个系统的恢复。抽水蓄能电站作为黑启动电源，可在大面积停电发生后及时恢复供电。近年来，美国、英国、印度、巴西等国发生的大面积停电事故表明，发生大面积停电的风险始终存在，电力系统中必须配置一定规模的黑启动电源。

抽水蓄能电站的上水库蓄能可靠、启动速度快、发电出力调节灵活、可持续供电时间长，是系统首选的黑启动电源，可为保障极端事故下的电力系统快速、有序地恢复提供有力支撑。

抽水蓄能电站承担系统调峰填谷、保障电力有序供应等作用。

我国电力电量平衡格局总体呈现"电量平衡有余，季节性用电高峰期电力平衡能力偏弱"的特点，可充分发挥抽水蓄能电站容量效益，保障系统迎峰度夏期间尖峰负荷供给，减少系统为应对短时尖峰负荷的燃煤等机组装机容量。

抽水蓄能可配合风能和太阳能高效运行，是目前最成熟、最实用的大规模储能方式，是大型清洁能源基地的重要支撑性电源。

此外，抽水蓄能电站启停快，工况转换和增减负荷迅速，跟踪负荷能力强。

不同电源运行特性见表 2-2。

表 2-2　不同电源运行特性

时间	核电	煤电	燃气轮机 （联合循环）	抽水蓄能
冷态启动时间（h）	40	6~10	<2	0.1
热态启动时间（h）	40	3~6	<1.5	0.1
响应时间	5d	4h	1~3h	3~5min

2.4　抽水蓄能电站开发任务与市场营销

我国正式对抽水蓄能实施行业管理始于 2004 年，当时全国已建成抽水蓄能电站规模 570 万 kW，在建抽水蓄能电站规模 750 万 kW。国家发展改革委发文要求：一是抽水蓄能电站建设实行区域统一规划，与电网和常规电源统一纳入电力中长期发展规划；二是认真做好抽水蓄能电站的选点工作；三是抽水蓄能电站主要由电网企业建设和管理；四是抽水蓄能电站的具体规模、投资与建设条件由国务院投资主管部门严格审批，其建设和运行成本纳入电网运行费用统一核定；五是发电企业投资建设的抽水蓄能电站要服从电力发展规划，作为独立电厂参与电力市场竞争。这些文件明确了抽水蓄能电站的建设主体和开发要求，特别强调应由电网企业建设和管理。

2.4.1　我国发展抽水蓄能电站的政策

抽水蓄能已成为我国电力系统的重要组成部分，并在储能中占据主要地位。我国政府高度重视抽水蓄能发展。自 2004 年以来，我国陆续出台鼓励抽水蓄能电站建设和发展的相关政策，促进抽水蓄能电站健康、有序地发展。我国抽水蓄能电站的政策发展见图 2-6。

图 2-6　我国抽水蓄能电站的政策发展

2.4.2　抽水蓄能电站开发任务

抽水蓄能电站开发方式主要有两种：一种是基于负荷中心调峰需求，以电网需求为主；另一种是基于新能源基地电源侧，以电网友好型需求为主。

在新能源大规模开发的背景下，按照全国调度、多能互补、不弃风不弃光的原则实现系统最优，抽水蓄能电站能够实现以储能为导向，利用周边的风能和太阳能发电长时间抽水储能，短时间发电等方式解决资源浪费问题。电源侧抽水蓄能装机规模根据风能和太阳能装机在系统的占比不同而有所不同。假设一个峰谷差 60% 的独立系统，电力系统仅有太阳能发电站，据太阳能的特性，上午 10：00 至下午 4：00 为正常出力的 6h 时段，这时正是负荷的高峰期。在这个时段内，太阳能既要满足负荷高峰需求，又要使储能规模达到每天其余 18h 的用电需求。从电力平衡分析，抽水蓄能的装机规模需要大于或等于下午 4：00 至第二天早上 10：00 的最大负荷值。从电量平衡分析，6h 抽到上水库的水要供 18h 的发电使用，并且还有一个 4：3 的转换系数。再假设低谷负荷为 400 万 kW，高峰负荷为 1000 万 kW，不考虑能量转化系数，也不考虑备用，简单电力电量的平衡结果是：太阳能电站装机容量为 2200 万 kW，抽水蓄能电站装机容量为 1200 万 kW，抽水蓄能电站装机容量达到 35%。

以峰谷电价差为驱动的储能开发方式，可以假定抽水蓄能电站是常规的电源电站，当峰谷电价差超过 4 倍时，具有良好的盈利模式。

以乌东德水电站为例进行分析。

乌东德水电站装机容量为 1020 万 kW，总投资为 1200 亿元，年发电量为 389.1 亿 kW·h，装机利用小时数为 3815h，换算成满发天数为 159d。

按照抽水蓄能投资 6000 元/kW 计，1200 亿元可建设抽水蓄能装机容量 2000 万 kW。按照抽水 7h，满发 5h 进行调峰，即在低谷时用电抽水，高峰时放水发电，通过峰谷电价差来计算收益：假设电网每天高峰时段 5h，电价 0.4 元/（kW·h），平峰时段 12h，电价 0.25 元/（kW·h），低谷时段 7h，电价 0.1 元/（kW·h）。

乌东德水电站年售电收益＝159×（5×0.4+12×0.25+7×0.1）×1020＝92.4 亿元。

抽水蓄能电站年售电收益＝365×（5×0.4-7×0.1）×2000＝94.9 亿元。

从这个例子中可以看出，抽水蓄能电站的收益比常规水电站的收益多 2.5 亿元，经济优势明显。这说明只要系统的峰谷电价差超过 4 倍，抽水蓄能电站仅依靠获取电量电价即可与常规水电站盈利相当，具有良好的投资前景。

基于消化新能源的基本要求，风能、太阳能和抽水蓄能 3 种电源规模比例为 5∶3∶1，可将新能源利用率大幅提升至 5∶3∶2。国家发展改革委印发《关于促进抽水蓄能电站健康有序发展有关问题的意见》（发改能源〔2014〕2482 号）规定，2025 年抽水蓄能总装机容量为 1.0 亿 kW。这个容量占比小于 4%，而发达国家的总装机容量占比为 10%～15%。因此，我国应加快开发抽水蓄能电站，加大抽水蓄能的发展规模。

2.4.3 抽水蓄能电站经营模式与电价制度

在电力系统中，抽水蓄能电站是一个特殊的"发电厂"，其主要作用不是发电，而是为电网提供调节服务，保障电能安全可靠地供应。在"厂网分开"的电力制度改革大潮中，抽水蓄能电站没有从输电环节剥离出去，而是继续由电网企业管理。目前，我国抽水蓄能电站主要由国家电网企业全资控股或者部分控股（电网企业包括各级电网企业和电网子企业），用于保障电网安全、支撑特高压发展、提高电能质量等。虽然有极少数抽水蓄能电站由发电厂和其他非电网企业投资建设，但这是以盈利为目的的独立市场主体。

1. 抽水蓄能电站经营模式

我国抽水蓄能电站采用的经营模式有电网统一经营模式、委托电网经营模式、电网租赁经营模式与独立经营模式 4 种。其中，电网企业全资投资的抽水蓄能电站一般由电网统一经营；电网企业参与控股的抽水蓄能电站一般由电网租赁经营或委托电网经营。这是因为电力市场尚未放开，市场交易机制不成熟，抽水蓄能电站独立经营会承担很大的风险，所以这类抽水蓄能电站都是由电网企业统一管理和经营的。而民营企业控股建设的抽水蓄能电站都是独立经营模式。我国抽水蓄能电站投资模式和经营模式见图 2-7。

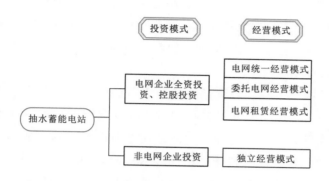

图 2-7　我国抽水蓄能电站投资模式和经营模式示意图

（1）电网统一经营模式。电网统一经营模式常见于国内早期投资建设的抽水蓄能电站。由电网企业全资投资建设的抽水蓄能电站常采用该种模式。抽水蓄能电站不具备独立法人资格，电网企业拥有抽水蓄能电站的所有权和运营权。我国执行统一经营模式的抽水蓄能电站主要由国网新源公司和省电力公司控股，比如，潘家口抽水蓄能电站、响水涧抽水蓄能电站、十三陵抽水蓄能电站、仙游抽水蓄能电站等。

（2）委托电网经营模式。委托电网经营模式指具有独立法人资格的抽水蓄能电站委托其所在电网经营管理，包括对电站安全生产、电价方案制定、电能购销、设备检修等方面的管理。委托电网经营模式是以抽水蓄能电站和电网企业获得双赢为基础的：抽水蓄能电站能够借助电网企业在调度和计划方面的优势处于有利地位，使电站在电力计划和调度方面受益，电站的经营风险会更小；电网企业能够获得代理效益，同时合理发挥电站的综合效益。但是，作为代理电站经营的电网企业原则上应以抽水蓄能电站获得最大收益为前提安排电站的运行，但有时为追求代理效益的最大化，努力提高发电利用小时（例如，在缺电的情况下仍抽水运行），这在一定程度上不利于抽水蓄能电站在电网中发挥其整体效益。目前，浙江省的天荒坪抽水蓄能电站采用的是该模式，其由电网企业和其他非电网企业混合控股投资，电站装机容量大，为整个华东地区提供电能调节服务。

（3）电网租赁经营模式。2007 年，《国家发展改革委关于桐柏、泰安抽水蓄能电站电价问题的通知》（发改价格〔2007〕1517 号）和《国家发展改革委关于抽水蓄能电站建设管理有关问题的通知》（发改能源〔2004〕71 号）规定下发前已审批但未定价的抽水蓄能电站作为遗留问题由电网企业租赁经营。抽水蓄能电站作为独立主体向电网企业出租其使用权。电网企业在对电站运行考核后支付租赁费用。电网租赁经营模式使抽水蓄能电站的所有权和使用权分离，易于结算，权责分明。由于抽水蓄能电站具有削峰、填谷、调频、备用等多种功能，电网企业通过租赁电站获得其使用权，进一步保障了系统的灵活性和安全稳定性。对于抽水蓄能电站而言，这种模式的优点是收益稳定、运营风险较小；缺点是租赁制电价与电量、设备利用状况脱钩，不利于调动企业投资抽水蓄能电站的积极性。我国执行租赁制的抽水蓄能电站大多是由电网企业和其他非电网企业混合控股投资的，如黑麋峰抽水蓄能电站、桐柏抽水蓄能电站、响洪甸抽水蓄能电站等。

（4）独立经营模式。独立经营模式指抽水蓄能电站拥有独立法人资格，能够以独立主体身份参与市场竞争，并且自负盈亏。独立经营的抽水蓄能电站能够以自身经济利益最大化为目标安排运行计划。但是在电力市场机制不成熟、不完善的情况下，独立经营模式会导致抽水蓄能电站的经营风险难以控制。我国沙河、天堂、溪口抽水蓄能电站采用的是独立经营模式。沙河抽水蓄能电站和天堂抽水蓄能电站都是由非电网企业混合控股投资的，电站装机容量较小。溪口抽水蓄能电站是电网系统外的小型抽水蓄能电站，完全由非电网企业控股投资，投资成本和运行成本相对较低。

对经营模式的研究就是对经营权的讨论。当电力系统内调节性资源匮乏时，抽水蓄能电站是稀缺资源，它作为重要的保障系统、安全稳定经营的工具，应由电网企业代理运营，充分发挥电站的调节性功能，保障系统安全、稳定地运行。当电力系统内调节性资源比较充裕时，抽水蓄能电站可以享有自主经营权，自由参与电力市场竞争，充分发掘其市场价值。在市场化环境下，抽水蓄能电站的经营权很大程度上决定了其参与市场的自主权。

以上经营模式中，电网统一经营、委托电网经营和电网租赁经营模式都是由电网企业代理电站经营。在电力市场未放开的时候，由电网企业对电站进行统一管理和经营，这样既能最大化发挥抽水蓄能的综合效益，节约整个电力系统的发电成本，又能使调度和管理更加方便。而在电力市场逐渐放开的背景下，我国主要推广独立经营模式，推动抽水蓄能电站成为独立市场主体，增强其自主竞争意识，使得电站通过参与市场回收成本、获得收益，促使抽水蓄能电站健康、有序地发展。

2. 抽水蓄能电站价格机制

现阶段，我国抽水蓄能电站的价格机制以两部制电价为主。两部制电价由容量电价和电量电价构成（见图2-8），由国家政府价格主管部门核定。其中，容量电价体现抽水蓄能电站提供调频、调峰、系统备用和黑启动等辅助服务的价值，抽水蓄能电站通过容量电价回收抽水、发电运行成本外的其他成本并获得合理收益；电量电价体现抽水蓄能电站提供调峰服务的价值，抽水蓄能电站通过电量电价回收抽水、发电运行成本。

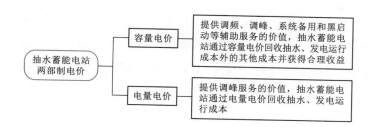

图 2-8　现阶段抽水蓄能电站的两部制电价模式

两部制电价明确抽水蓄能电站在电网中的重要作用，计算出抽水蓄能电站在电网中的价值。国内的浙江天荒坪、湖北天堂、江苏沙河抽水蓄能电站均采用两部制电价。公开信息显示，天荒坪是中国最早运用两部制电价的抽水蓄能电站，该电站的装机容量为 1800MW，设计年发电量为 31.6 亿 kW・h，服从电网统一调度，容量电价为 470 元/kW/年，电量电价为 0.264 元/(kW・h)，抽水电价为 0.1829 元/(kW・h)。

两部制电价能够更好地体现抽水蓄能电站在电力系统中削峰填谷、吸纳新能源的价值和作用，可以进一步促进抽水蓄能电站的建设。1763 号文指出，在电力市场形成前，抽水蓄能电站实行两部制电价。容量电价按照弥补抽水蓄能电站固定成本及准许收益的原则核定，电量电价体现其通过抽水、发电量实现调峰填谷效益，电价水平按当地燃煤机组标杆上网电价执行。两部制电价的实施难点集中在容量电费的支付方面。对于电费回收方式，1763 号文提出，电力市场化前，抽水蓄能电站容量电费和抽水、发电损耗纳入当地省级电网（或区域电网）运行费用统一核算，并作为销售电价调整因素而统筹考虑。该抽水蓄能价格形成机制较之前有较大进步，但仍缺乏有效的针对性措施。这意味着若不调整销售电价，则抽水蓄能电站运行费用由电网企业负担，无法传导给受益方。

为了完善和落实两部制电价政策，《国家发展改革委关于进一步完善抽水蓄能价格形成机制的意见》（发改价格〔2021〕633 号）（以下简称 633 号文）进一步完善抽水蓄能价格形成机制，指出未来抽水蓄能电站的两部制电价将逐步与市场衔接。首先，以竞争性方式形成电量电价，在电力现货市场运行的地方，抽水蓄能电站抽水电价、上网电价按现货市场价格及规则结算；在电力现货市场尚未运行的地方，鼓励抽水蓄能电站抽水电量通过竞争性招标方式采购，抽水电价按中标电价执行。其次，将容量电价纳入输配电价来回收，建立适应电力市场建设发展和产业发展需要的容量电价补偿调整机制，适时降低或根据抽水蓄能电站主动要求降低政府核定容量电价覆盖电站机组设计容量的比例，以推动电站自主运用剩余机组容量参与电力市场，直至容量市场发展成熟，抽水蓄能电站的容量成本通过容量市场回收，取代容量电价补偿机制。

科学的价格机制既要能合理涵盖成本，又要具备有效的信号引导作用。抽水蓄能电站的市场化电量不高，其原因主要有两个：一是收益难以确定，补偿标准也难以确定；二是竞争性的电力批发市场将引导市场价格逼近短期边际成本。这对于抽水蓄能电站这种高投资成本、低运营成本（不含抽发损耗）的设施非常不利，仅通过电力市场难以收回成本。近年来，我国抽水蓄能电站逐步作为市场主体参与现货电力市场。但现阶段我国电力市场的建设还不够完善，仅部分试点省份建立了现货电力市场并启动了连续模拟试运行模式，电力辅助服务市场仍处于初级发展阶段，产品种类不完善、补偿费用长期偏低等客观情况存在，尚不具备将抽水蓄能电站完全推向市场的条件。

2.4.4 抽水蓄能电站在电力系统中的效益

根据抽水蓄能的不同功能，抽水蓄能电站在电力系统中产生的效益可以分为静态效益和动态效益。

1. 抽水蓄能电站的静态效益

抽水蓄能电站在电力系统中承担削峰填谷作用产生的经济效益称为静态效益，主要包括容量效益、能源节约效益及环境效益等。抽水蓄能电站能有效地担任电力系统的工作容量（尖峰容量）和备用容量，从而减少其他类型电源的装机容量，节省电力系统的投资和运行费用，具有的经济效益即容量效益。抽水蓄能机组在电力系统中替代煤耗率高、燃料成本高的调峰发电机组，可减少电力系统燃料消耗，同时减少电力系统中的火电机组因参与调峰的启停次数，使火电机组出力保持平稳，这不仅可有效地降低燃料成本和维护费用，还可减少污染物排放量，带来能源节约效益和环境效益。

需要指出的是，抽水蓄能机组能源节约效益的大小与电力系统的电源结构和机组运行方式密切相关，该效益的计算不能局限于抽水蓄能电站本身，必须从抽水蓄能电站所在电力系统整体出发，结合电力系统的长期电源扩展方案进行综合计算。

2. 抽水蓄能电站的动态效益

抽水蓄能电站运行灵活，启停方便，从启动到满负荷运行只需要 1~2min，由抽水运行状态转换到发电工况仅需要 3~4min，是电网最佳的紧急事故备用设备和黑启动电源。抽水蓄能电站对负荷的急剧变化能快速反应，机组出力调整灵活，负荷调整范围广，调频、调相性能好，可满足系统运行需要，提高电网的安全可靠性，由此产生的经济效益为动态效益。抽水蓄能电站的动态效益主要体现在事故备用、快速负荷调整、调频、调相等方面。

随着经济的快速发展和人民生活水平的提高，经济社会对供电质量的要求越来越高，停电造成的损失越来越大，电网需要抽水蓄能电站发挥保证供电可靠性的功能，而不只是削峰填谷的功能。由此可见，抽水蓄能电站的动态效益比静态效益更重要，其动态功能越来越受重视，而且被当作电网运行管理的有效工具之一。

第3章

抽水蓄能电站前期工作管理要点

　　抽水蓄能电站与常规水电站一样，将项目全生命周期划分为三个阶段，即前期工作阶段、建设实施阶段和运行维护阶段。其中，前期工作阶段可细分为预可行性研究、可行性研究、项目核准和项目开工准备等阶段。前期工作阶段是企业作为投资主体履行投资决策的重要阶段，开展前期工作的前提是国家主管部门正式发布的行业规划。

　　对于抽水蓄能电站来说，目前实施的是国家能源局于2021年9月发布的《规划》，其根据实施情况实行动态管理、滚动调整，而且站点的增减、规模的调整、时序的安排每年均有变化。

　　开展抽水蓄能电站前期工作，以规划报告为前提，经过充分的技术、经济论证，逐步明确项目的开发任务、建设规模、技术条件、环境影响、经济指标、建设方案等，是一个建设项目必须完整经历的阶段，是项目建设投资决策的技术支撑。该阶段的工作成果决定了项目建设管理的范围和目标，是项目获得预期效益的重要基础性工作。

　　根据《企业投资项目核准和备案管理条例》（国务院令第673号），项目单位在报送项目申请报告时，应根据国家法律、行政法规的规定附具以下文件：城乡规划行政主管部门出具的选址意见书（仅指以划拨方式提供国有土地使用权的项目）；国土资源（海洋）行政主管部门出具的用地（用海）预审意见（国土资源主管部门明确可以不进行用地预审的情形除外）；法律、行政法规规定需要办理的其他相关手续。

　　另外，根据《国务院关于发布政府核准的投资项目目录（2016年本）的通知》（国发〔2016〕72号），抽水蓄能电站由省级政府按照国家制定的相关规划核准。项目核准要求办理的其他法律、行政法规手续可能因各省政策要求和实际操作不同而有所不同。

　　抽水蓄能电站规划由国家能源局组织制定，是落实党中央国务院决策部署，实施"四个革命，一个合作"能源安全新战略，落实"双碳"目标，构建新型电力系统的总体安排，具体工作由各省、自治区、直辖市组织开展。

　　首先，由地方政府委托设计院进行资源普查，发现具有水源条件、高差条件和上下库容条件的所有可能站点，对其基本条件进行分析，形成资源普查报告。其次，由省能源局委托设计院进行规划设计，提出编制规划报告的要求，并设定规划的边界条件，如水平年、功能范围、未来电力发展预测等。经过充分讨论，形成规划报告，对未来的站点按照开工项目、前期项目、远景项目进行分组和排序。最后，省能源局上报规划报告，国家能源局委托水电总院进行技术审查，审查意见应明确哪些站点纳入规划，哪些站点作为备选，哪些站点还需进一步研究，然后行文批复规划报告。

这个阶段是国家从宏观层面确定的"要不要"。

投资企业在选点规划阶段获取项目开发权是基本任务，要争取主动权，推动潜在项目入规，主要工作是调查研究、收集资料、掌握动态、分析形势、研究政策、制定策略、协调关系、排除障碍。推动工作有两个基本要素：一是找到着力点；二是明确方向。

政府主管部门批准，相关部门协调政策。项目所在地人民政府的重视程度十分重要，省级主管部门的区域布局起关键作用，国家能源局的宏观管理起决定性作用。投资企业既要由下至上做好基础性工作，将方案论证充分，又要从上至下做好协调推动工作。推动过程中不仅要思想统一，对开发和认识达成共识，立场坚定，还要做到在科学分析的基础上准确研判，把控形势，高效执行。

3.1　预可行性研究

预可行性研究是前期工作的开始，以国家能源局发布的抽水蓄能中长期发展规划为依据。《规划》的发布是政府职能和企业行为的分界点：之前为政府职能工作，企业一般不介入；之后为企业行为，在获得地方政府授权后开发，企业主导预可行性研究工作，履行投资主体责任。

预可行性研究阶段的任务是解决"行不行"的问题。

在这个阶段，投资企业的工作主要是协调各方关系，宏观控制，搭建基本框架，贯彻投资理念。所谓"设计的节约是最大的节约"需要在这个阶段有所体现，一方面是规模效益，另一方面是项目布局。

预可行性研究指在抽水蓄能选点规划的基础上，依据相关规范、标准规定的深度要求，开展相关勘察、设计工作并编制《预可行性研究报告》，取得审查意见。

预可行性研究工作由投资企业委托专业设计单位完成，同时根据省能源局意见委托专业咨询机构进行预可行性研究成果审查或咨询。主要任务是对所有制约因素进行排查，比如，是否涉及生态红线等，并逐项提出处理意见，相关方通过工作进行影响消除。在制约因素排除后，投资企业向省能源局上报项目建议书，省能源局批复同意项目建议书。

根据 NB/T 10337—2019《水电工程预可行性研究报告编制规程》，预可行性研究报告的主要内容和深度应符合下列要求。

基本确定综合利用要求，提出工程开发任务。

论证工程建设必要性。

基本确定主要水文参数和成果。

评价工程的区域构造稳定性。初步查明并分析各比选坝址和厂址的主要地质条件。

对影响工程方案成立的重大地质问题进行初步评价。

初步选择代表性坝址和厂址。

初步选择水库正常蓄水位。

初步选择电站装机容量，初步拟定机组额定水头和水库运行方式。

初步确定工程等级和主要建筑物级别。

初步比较、拟定代表性坝型、枢纽布置及主要建筑物形式。

初步比较、拟定机组的机型、台数、主要参数、电气主接线及其他主要机电设备和布置。

初步拟定金属结构及过坝设备的规模、形式和布置。

初步选定对外交通方案。

初步比较、拟定施工导流方案、筑坝料源。

初步拟定主体工程施工方案和施工总布置方案，提出控制性工期。

初步拟定建设征地范围，初步调查建设征地实物指标，提出移民安置初步规划，估算建设征地移民安置补偿费用。

查明工程建设环境敏感制约因素，初步评价工程建设对环境的影响，从环境角度论证工程建设的可行性。

提出主要的建筑安装工程量和设备数量。

估算工程投资。

进行初步经济评价。

综合工程技术经济条件，提出结论与建议。

3.1.1　工程建设的必要性和研究内容

预可行性研究报告中，工程建设的必要性从以下几点体现：首先从河流规划或抽水蓄能电站站点规划说明规划实施情况和建设依据；其次进行流域综合规划、河流水电规划、供电范围与电力市场需求分析，从调峰、填谷、储能、调频、调相、事故备用、黑启动等系统需求方面对工程承担任务的要求及工程规模进行综合分析，同时围绕电力电量平衡原则，在参加平衡电站分析基础上展开电力市场空间分析，其成果也是工程建设必要性的重要论证，从能源发展战略、节能减排要求、地区能源资源情况、工程发电效益等方面分析对地区经济社会发展的促进作用。对于抽水蓄能电站，还应重点论述电网安全、稳定、经济运行的需求及助力"碳达峰、碳中和"战略目标实现的必要性和迫切性。

工程建设的研究内容有社会经济及能源资源概况、电力系统现状及发展规划、电力市场空间分析、调峰容量平衡分析、抽水蓄能电站合理规模分析和工程建设必要性。主要图表有工程地理位置图、河流梯级开发示意图或抽水蓄能电站规划站点分布图、河流梯级开发纵面图和剖面图、供电地区现状及远景电力系统地理接线图，抽水蓄能电站选点规划成果表等。

3.1.2　水文

水文、气象、泥沙等设计成果是电站水能计算、防洪度汛、施工导流的重要依据，也是工程建设施工组织安排的重要外部影响因素，是电站制定蓄水计划、进行运行调度的重要基础。

预可行性研究报告中的水文部分主要对流域概况、气象特点、周边雨量站和气象站分布情况及多年观测成果、流域内水文站和气象观测站分布情况及多年观测成果等基本资料进行评价，确定设计依据站和参证站，并得出水文气象统计成果。

水文部分应根据径流特性提出坝址年径流系列及设计成果，分析成果合理性。因抽水蓄能电站的建设条件与大型水电站有较大差异，不时会发生缺乏流量资料的情况，故可通过本流域降水量、水文图集等资料推算坝址径流成果，并分析其合理性。例如，天台抽水蓄能电站的上下水库坝址月径流以桐柏抽水蓄能电站及引水区径流为依据来考虑面积与雨量修正比拟推求得出。

洪水设计是各建筑物设计等级、尺寸的重要考虑因素，应分析洪水成因及特性，收集和调查历史洪水资料，论证洪水系列的一致性和代表性，进行设计依据站洪水系列频率计算，提出设计洪水成果，分析成果合理性。在缺乏洪水资料时，可根据暴雨资料推求设计洪水，但应说明设计暴雨及产汇流计算方法，分析参数及成果的合理性。

对于一般抽水蓄能电站，其周边流域面积小，源短坡陡，洪水特点一般为暴涨暴落，一次洪水过程是一天左右，坝址流域大部分缺乏洪水资料。关于泥沙，应分析坝址以上泥沙来源，主要计算坝址以上流域悬移质含沙量、输沙量及推移质输沙量，提出入库泥沙及颗粒级配成果，当人类活动对泥沙设计成果影响较大时，应予以充分考虑。

另外，根据各地方要求的不同和项目特点，还应对蒸发、水温和冰情、水位流量关系、水情自动测报系统等进行初步分析和设计。

水文部分的内容包括流域概况、气象、水文基本资料、径流、洪水、泥沙、设计断面水位流量关系和水情自动测报站点规划。其中，径流一般包括径流特性、上下水库径流系列、径流计算及合理性分析和水库水面蒸发情况等。主要图表包括流域水系图，径流、洪水、暴雨量、泥沙资料插补延长的主要相关关系图，年、汛期、枯期径流频率曲线图，洪峰和各时段洪量或暴雨频率曲线图，典型洪水及设计洪水过程图等。

3.1.3　工程地质

一般情况下，设计单位受地方政府委托后即可开始抽水蓄能电站预可行性研究阶段的勘测设计工作。设计单位根据勘察任务书、设计布置方案、站址地形地质条件和相关规程规范要求，编制《电站预可行性工程地质勘察大纲》，采用地面地质测绘、物探、钻探、坑探、现场原位试验及室内土工试验结合的方法，初步查明枢纽主要建筑物区的工程地质条件和存在的主要工程地质问题。

区域地质与构造稳定性是在大地构造环境下，分析、研究区域地形地貌、地层岩性、地质构造及区域地震活动情况，用来进行构造稳定性评价，研究范围为 150km 左右。

工程区基本地质条件分析主要是对工程所在区域的地形地貌、地层岩性、地质构造、水文地质、物理地质现象、岩石（岩体）物理力学性质等进行针对性评价分析。其中，地形地貌主要研究工程区形成上下水库的基本条件及输水系统的路线等问题；地层岩性主要探明工程区的岩层分布情况和工程区主要结构面特征，以初步分析开挖条件、成洞条件及料源分布情况，也是确定输水系统、厂房等布置方案的基础，该阶段成果对于选定下一阶段长探洞的布置方案非常关键；水文地质是结合工程区所在流域的气候，分析降雨特点，明确地下水的主要补给来源，同时需开展水化学性质与水质评价，分析其环境水腐蚀性；物理地质现象主要对岩体风化、卸荷，局部发育崩塌、滑坡、泥石流等情况进行成因、现状、分布和规模分析；岩石（岩体）物理力学性质主要是为了解工程区岩石（岩体）的物理力学性质，对不同岩性、不同风化程度的岩石取样进行室内岩石物理力学性质试验、地震波测试等，以及开展坝基岩体工程地质初步分类、地下洞室围岩初步分类、边坡开挖坡比建议等工作。

基于上述成果，进一步对上下水库（坝）进行工程地质条件及初步评价，输水发电系统工程地质条件及评价，对比分析工程地质条件，提出对比较方案的地质意见，对有重大影响的地质问题，应加强勘查工作并进行初步评价。

地质勘查工作还承担一个重要职责，即对工程所需天然建筑材料的种类、数量及质量予以说明和初步评价。

工程地质部分的内容包括前言、区域地质与地震、工程区基本地质条件、上水库（坝）工程地质条件及初步评价、输水发电系统工程地质条件及初步评价、下水库（坝）工程地质条件及初步评价、天然建筑材料、结论与建议等。主要图表包括区域综合地质图、区域构造纲要及历史地震震中分布图、水库区综合地质图及重点部位工程地质剖面图、枢纽工程区的工程地质图、主要建筑物工程地质剖面图、存在重大地质问题部位的水文地质及工程地质平面图和剖面图、天然建筑材料产地分布图、料场区地质平面图及主要剖面图、典型钻孔柱状图、井洞及探槽展示图，以及各类试验检测成果汇总表等。

3.1.4　工程规划

按照水电水利规划设计总院主编的预可行性研究报告编制规程要求，工程规划应概述工程选点规划成果、工程开发任务、供电范围论证成果、电力系统需求，分析地区抽水蓄能电站资源条件与布局要求，分析工程建设条件和水源条件，初步论证连续满发小时数和初选装机容量。

装机容量方案的确定主要受电网调峰、站点地形地质条件、枢纽布置、机组设备运行条件、水库淹没指标、工程投资和经济、财务指标等因素影响，其中，电网调峰、站点地形地质条件及机组设备运行条件等方面的影响是直接的外部制约因素。在电网调峰方面，考虑网内调峰水电、已建及在建抽水蓄能电站、燃气轮机参与调峰运行及省内抽水蓄能电站容量外送等，分析抽水蓄能电站建设空间。在站点地形地质条件方面，考虑坝肩稳定性及挡水、防渗工程布置条件，明确正常蓄水位最高限位。在机组设备运行条件方面，结合上下水库特点，分析最大水头和最大扬程及对机组制造水平的要求，为了确保电站安全、稳定运行，拟定装机容量方案时，水泵最大扬程和水轮机最小水头的比值控制在 1.11 左右。

根据上述分析，结合合理的工程措施，控制水头变幅满足水泵最大扬程和水轮机最小水头的比值在机组稳定运行的经验范围内，以满足电站每日满负荷发电小时数为基础，初步拟定合理的装机容量区间。

通过上下水库水量平衡和蓄能量计算不同装机方案的水能参数，如上下水库校核洪水位、设计洪水位、正常蓄水位、正常蓄水位库容、死水位、死库容、调节库容、发电库容和水损备用库容等，以及日蓄能量、最大水头、最小水头、平均水头、额定水头、最大扬程和最小扬程等。

同时结合地形地质条件和水能参数进一步确定上下水库拦水建筑物布置方案，如坝轴线位置、最大坝高、坝顶长度等，进而得出最优的坝型和各方案的工程量。需要注意的是，在库盆成库面积既定的情况下，装机规模越大，对库盆开挖的需求也越大，同时环库开挖工程量增大会导致边坡支护量增加。在不同装机规模下，水库淹没区和环境影响区均存在一定的变化，这些是经济比选重点考虑的因素。

一般情况下，拟定几个装机方案后，还要考虑区域内各类电源水平年电力平衡情况，以及项目在工作容量、检修容量、负荷备用、事故备用、必需容量、受阻容量、空闲容量、装机容量等方面参与平衡的情况。

装机规模的选定影响地下厂房位置和输水系统线路的选定，进而会带来工程量的变化。

另外，在单机容量相对明确的基础上，装机规模越大，机组安装台数越多，对于输水系统采取的布置方案不同，那么输水系统尺寸与工程量的变化越大。同时，机组参数选取差异性会较大，选择闸门及启闭机的规模及形式时可能存在设计、制造、运输、安装等制约因素。

基于上述成果，列出不同装机方案下的投资估算情况和电站经济效益情况，对其进行经济比选，主要包括容量电价、全部投资财务内部收益率、资本金财务内部收益率及单位千瓦投资。初定装机规模后，水库特征水位、主要工程量和工程投资、水库特征参数可基本确定。

在比选工程规模时，对建设征地处理范围、实物指标、移民安置初步规划方案和补偿费用进行对比分析，并且关注重要征地影响对象、敏感指标、环境容量制约、移民安置可行性等对方案的影响，这也是比选方案的考虑因素。

此外，根据初定的装机规模和配套成果，开展初期蓄水、电站及水库运行方式、防洪效益、防洪标准、供水及灌溉效益、航运效益等方面的论证工作。

工程规划部分的内容包括抽水蓄能电站选点规划、工程开发任务、供电范围、负荷预测及电力电量平衡、装机容量初选、水库特征水位初选、洪水调节、机组台数和额定水头初拟、泥沙淤积和水库回水、初期蓄水、电站及水库运行方式等。主要图表包括河流梯级开发示意图、供电地区现状及远景电力系统地理接线图、水库库容面积曲线图、出力保证率曲线图和电量累积曲线图、电力系统典型日或周运行方式示意图、库区横断面布置位置示意图、泥沙冲淤计算纵剖面图和水库回水计算纵剖面图等，正常蓄水位方案技术经济比较表、装机容量方案技术经济比较表、电力系统电力电量平衡表、水库回水水面线计算成果表和水能规划技术指标汇总表。

3.1.5　建设征地移民安置

在工程规划成果形成后，按照 NB/T 10338—2019《水电工程建设征地处理范围界定规范》，结合工程的实际情况确定抽水蓄能电站建设征地处理范围，一般包括水库淹没影响区和枢纽工程建设区两部分。

水库淹没影响区包括水库淹没区及因水库蓄水引起的滑坡、塌岸及其他受水库蓄水影响的水库影响区。水库淹没区是根据初步选定的不同淹没对象设计洪水标准反映水库回水计算成果初定的。水库影响区是根据水库区工程地质评价初步结论和其他影响因素初定的。根据本阶段地质勘查成果，工程上下水库库周是否存在因蓄水引起的滑坡、塌岸、浸没、水库渗漏等问题而需要处理的水库影响区。根据本阶段的移民安置初步规划成果，明确工程是否存在因失去生产资料等原因而必须采取处理措施的库周居民区及其他受水库蓄水影响的区域。

根据本阶段施工组织设计成果，枢纽工程建设区主要包括上下水库枢纽永久占地、上下水库连接公路永久占地、500kV 开关站及道路永久占地、进场公路永久占地、业主营地永久占地、表土堆存场、弃渣场、承包商营地等区域。枢纽工程建设区应按最终用途确定用地性质，可划分为永久占地与临时用地。各地块用地范围根据本阶段"施工总布置图"予以初步拟定，上下水库淹没影响处理线以上范围与环库公路之间的用地范围纳入上下水库枢纽用地。

工程水库淹没影响区与枢纽工程建设区的范围会有部分重叠，根据国土资源部、国家发展改革委、水利部、国家能源局印发的《关于加大用地政策支持力度促进大中型水利水电工程建设的意见》（国土资规〔2016〕1 号），为了在新政策下更方便、更有效地完成项目用地报批手续，对于重叠部分的实物指标计入水库淹没影响区范围。

一般由设计单位会同地方政府（项目涉及的乡镇政府为主）及有关部门共同组成实物指标调查小组，设计单位对技术负责，对工程建设征地影响范围内的实物指标进行调查。

根据工程建设征地影响区的实际情况，调查内容包括农村调查和专业项目调查。

农村调查包括搬迁人口调查、房屋及附属建筑物调查、土地调查、零星树木调查、农村小型专项设施和农副业设施调查等。

专业项目调查均在主管部门提供基本资料的基础上，由调查小组和各专项主管部门共同持 1∶5000 地形图在现场核实后逐一登记和统计，包括受本项目影响的专业项目名称、数量、隶属关系、材料、等级（规格）、规模、用途、投资等。

在完成调查的基础上，应就建设征地对区域社会经济的影响进行分析，初步分析移民安置环境容量，拟定农村移民安置初步方案。

移民安置总体规划原则：

（1）坚持贯彻国家对水库移民的方针、政策和法规，以人为本，保障移民合法权益，满足移民生存和发展的需求。

（2）根据项目影响区和当地的具体条件，因地制宜，统筹规划，实事求是地进行移民安置初步规划，顾全大局，兼顾国家、集体、项目法人和个人利益。

（3）坚持以土地为依托，以发展农业为基础，积极引导移民发展第二、三产业。

（4）移民安置初步方案要有利于地方经济可持续发展，与当地的土地利用总体规划及国民经济和社会发展计划、资源综合开发利用、生态环境保护协调，注重当地的可持续发展和资源的综合利用。实行开发性移民方针，采取前期补偿、补助与后期扶持结合的办法，通过移民安置规划的实施，使移民生活达到或超过原有水平。

（5）移民搬迁安置应尊重移民的生产生活习惯，充分考虑移民区和安置区双方利益，促进移民区和安置区的社会经济和谐发展。

（6）专业复建项目要遵循原标准、原规模或者恢复原功能原则。对原标准、原规模低于国家规定范围下限的，按照国家规定范围下限建设；对原标准、原规模高于国家规定范围上限的，按照国家规定范围上限建设；对原标准、原规模在国家规定范围内的，按照原标准、原规模建设；对国家没有具体规定的，根据建设征地实际情况合理确定。若因扩大规模或提高标准而增加的投资则需由当地政府或有关单位自行解决。

移民安置目标是妥善安排移民的生产和生活，使其生产生活条件与当地社会发展同步，至规划设计水平年，移民的生产生活水平达到或超过原有水平。在明确移民安置任务时，要明确设计基准年和规划水平年的概念，并且充分考虑人口增长率和经济增长率等问题。

移民安置标准包括生产安置标准和搬迁安置标准，其标准主要按照规划目标及现行法律法规和规程规范的要求，结合建设征地区和安置区实际情况确定。

生产安置标准分为有土安置标准和移民安置点基础设施配置标准。其中，有土安置标准根据拟定的移民安置目标，结合所在地社会经济基本情况，综合考虑全镇及全村人均耕地面积等因素，初步拟定移民生产安置的人均土地配置标准；移民安置点基础设施配置标准是根据移民农村建设用地现状及安置区周边公共建设等配套设施建设情况，参照安置区附近居民点建设用地标准，并按照相关规范，初步拟定农村移民居民点人均建设用地标准，合理配置水、电、路等基础设施。移民安置初步规划编制还应说明县级人民政府对推荐的移民安置初步方案的意见。

工程建设征地影响涉及公路工程、电力工程、电信工程、广播电视工程和水利水电工程等专业项目。本阶段在征求各专业项目主管部门意见的基础上，根据其在项目影响区域的地位和作用，主要采取迁（改）建或货币补偿的方案进行处理。

为保证工程安全运行，防止水质污染，保护库周及下游人群健康，在水库蓄水前必须进行水库库底清理。水库库底清理分为一般清理和特殊清理两部分，清理所需费用应根据清库工作量和清理措施计算，并列入建设征地移民安置补偿费用，有关技术要求按照 NB/T 10803—2021《水电工程水库库底清理设计规范》执行。

环境保护和水土保持指为减轻或消除移民安置对环境造成的不利影响及保护移民生活环境而采取的环境保护和水土保持措施，主要包括水环境保护、生活垃圾处置、人群健康保护、环境监测和水土保持等。

《中华人民共和国土地管理法》中"耕地保护"章节规定，国家实行占用耕地补偿制度。非农业建设经批准占用耕地的，按照"占多少，垦多少"的原则，由占用耕地的单位负责开垦与所占用耕地的数量和质量相当的耕地；没有条件开垦或者开垦的耕地不符合要求的，应按照省、自治区、直辖市的规定缴纳耕地开垦费，用于开垦新的耕地。

施工临时用地期满后，用地单位应在一定时间内按照国家标准如期复垦。耕（园）地恢复的质量必须达到占用前的水平。经土地管理部门会同有关部门验收合格后，及时交付。施工过程中，在对场地进行平整时，可对施工场地原表层土进行剥离，临时堆放后可作为后期复垦和植物措施的土源。施工结束，在施工临时建筑物拆除后，地表一般较平整，但土壤多被压实，且地表多有杂物、石块等，立地条件差，需要进行特地整治，比如，犁底层回填和耕作层回填，覆土 30~40cm，造林覆土 20~30cm。土源为工程开挖的弃土，可适当进行土壤改良。

抽水蓄能电站建设征地移民安置补偿费用估算方案以本阶段实物指标和移民安置初步规划为基础，根据国家和项目所在省份现行的法律法规和规程规范、技术标准，参考本地区在建或已通过审查的同类工程计算方法和补偿补助标准，并结合本工程建设征地所在区域实际情况进行编制。

建设征地移民安置部分的内容还应从建设征地移民安置角度提出方案并进行比较，提出对工程比选方案具有制约性的实物指标对象及其控制高程、范围和数量。在可行性研究阶段的项目选址规划与用地预审专题中要求对用地范围进行多方案比选，以证明其项目选址的唯一性，以及用地范围的节约性和合理性。

建设征地移民安置部分的内容包括概况、编制依据、建设征地处理范围、建设征地影响实物指标、移民安置总体规划、移民安置初步规划、专业项目处理初步规划、库底清理初步规划、环境保护与水土保持初步规划、项目用地和后期扶持规划、建设征地和移民安置补偿费用估算。主要图表包括建设征地移民安置附图（主要包括水库淹没影响区示意图，枢纽工程建设区示意图、城市集镇新址初步规划布局和外部基础设施初步规划示意图），建设征地移民安置附表（主要包括建设征地主要实物指标汇总表和建设征地移民安置补偿费用估算表），建设征地移民安置附件（主要包括县级人民政府对推荐的移民安置初步方案认可文件）等。

另外，建议在本阶段获取《关于电站预可行性研究阶段和可行性研究阶段建设征地范围内有无县级及以上文物古迹情况的说明》和《关于电站预可行性研究阶段和可行性研究阶段建设征地范围内压覆矿产资源情况的说明》等。

3.1.6 环境保护与水土保持

1. 环境保护

环境保护应概要说明环境影响评价总则和相关规划影响，主要工作依据、评价原则、评价标准及范围和环境保护目标，简述规划环境影响评价结论及与本工程有关的环境保护措施及要求。

环境保护评价原则一般包括区域整体性原则、协调性原则、客观性原则、突出重点原则、预防为主原则、实用性原则、执行"三同时"制度原则和坚持生态优先原则等。

区域整体性原则：综合考虑工程所在区域的相关规划及环境特征，全面、整体地进行环境影响评价，识别工程是否涉及环境敏感保护目标。

协调性原则：从流域上下游整体考虑，使得工程建设与上下水库坝下河道用水和水源保护等保持协调。

客观性原则：客观、公正、科学地预测和评价工程对环境的影响。

突出重点原则：以水环境、生态环境等为重点，对重点环境要素及因子进行检测和评价。

预防为主原则：坚持预防为主，将环境影响评价融入工程方案、施工布置、移民安置等设计过程中，做到源头和过程控制，减少环境影响。

实用性原则：采用有针对性、实用性、可操作性的环境保护措施。

执行"三同时"制度原则：按照同时设计、同时施工、同时投产的"三同时"制度，落实环境保护措施。

坚持生态优先原则：在工程设计中，统筹考虑保护环境、防止水土流失和增加生态效益等目标，实现生态与经济和谐的可持续发展。

环境保护评价标准应根据相关行业标准明确水环境、地下水环境、空气环境、声环境和电磁环境的相关控制标准和评价范围。

（1）水环境。根据水环境功能区划分情况明确水体现状和目标水质执行标准。一般情况下，沙石料系统冲洗废水经处理后回用于系统本身，处理回用标准为 SS≤100mg/L；混凝土拌和系统冲洗废水经处理后回用于系统本身，处理回用标准为 SS≤100mg/L；机修及汽车冲洗废水等经处理后达到 GB/T 18920—2002《城市污水再生利用　城市杂用水水质》标准，回用于车辆冲洗等；生活污水经处理后达到 GB/T 18920—2002《城市污水再生利用　城市杂用水水质》标准，回用于施工用水和施工区绿化浇灌和场地洒水抑尘，不排放。

（2）地下水环境。一般情况下，工程区地下水执行 GB/T 14848—2017《地下水质量标准》Ⅲ类标准。

水环境评价范围一般为水库库区及坝下所在流域。

地下水评价范围主要为工程区所在水文地质单元，包括上水库、下水库及输水系统周边一级分水岭范围。

（3）空气环境。如工程所在区域属于二类环境空气质量功能区，则执行 GB 3095—2012《环境空气质量标准》二级标准。

施工期大气污染物排放执行 DB 11/501—2017《大气污染物综合排放标准》无组织排放监控浓度限值。

因为电站建成运行后不会产生大气污染物，所以空气环境影响评价主要针对的是施工期。根据施工期大气污染物排放特点，确定评价范围为各施工作业区、施工工厂及往外延伸 500m 范围、施工道路及两侧 200m 范围。

（4）声环境。抽水蓄能工程一般位于山区，各居民点的声环境执行 GB 3096—2008《声环境质量标准》Ⅰ类标准。施工期噪声执行 GB 12523—2011《建筑施工场界环境噪声排放标准》的限值。运行期开关站厂界执行 GB 12348—2008《工业企业厂界环境噪声排放标准》Ⅰ类标准。

声环境影响评价主要针对的是施工期和运行期。施工期包括各施工作业区、施工工厂及往外延伸 200m 范围、施工道路及两侧 200m 范围。运行期为开关站站界外 200m 范围内的敏感点。

（5）电磁环境。根据 GB 8702—2014《电磁环境控制限值》中关于公众暴露控制限值的有关要求，开关站周围环境以 4kV/m 作为公众暴露工频电场强度执行标准限值，以 0.1mT 作为公众暴露工频磁场感应强度执行标准限值。

抽水蓄能工程工频电场和工频磁场评价范围为开关站站界外 50m 范围内的区域。

本阶段需结合各环境因素控制标准和范围，开展环境现状调查和不同工程布置方案的环境影响比较分析，初步制定相应的环境保护标准和保护措施。当工程建设涉及重大环境敏感因素时，将其作为环境影响分析和评价的重点并得出明确结论。

环境影响初步评价时间跨度应包括建设期、蓄水初期和运行期。不同时期的保护重点有所不同。

建设期的最大影响是空气环境、声环境和生产废水，应重点分析，制定针对性的保护措施。

在水库蓄水初期，水库新增淹没区残留的腐烂物质（如杂草、树木和枝叶等），土壤均会释放出有机质，有机质分解使水体中 BOD_5、COD、氮和磷等物质的浓度增加，溶解氧的浓度降低。根据以往水库蓄水经验，蓄水初期水质相对较差，尤其是库底清理不彻底、库底浸出物较多的情况下，水质会更差。为减少蓄水初期对水库水质的影响，水库淹没区在蓄水前须按规范彻底清库。运行期，随着电站的正常运行，一方面，清洁的入库径流不断地对水库水体进行交换，从而改善水库水质；另一方面，反复的抽水和发电放水促使水体不断地相互交换，水体的循环混合及复氧作用的加强有利于促进污染物质降解，增强其自净能力，改善水库水质。同时，水体在上下水库间循环往复，互相影响，使其水质具有相同的变化趋势。

运行期的水污染源包括工作人员生活污水和厂房含油废水，但污水和废水量很少，用电站配备的生产废水处理设施和生活污水处理装置即可对其进行处理，达标后作为场地洒水和绿化用水而回用，对水库水质无影响。电站运行期应重点关注水库渗漏问题。

一般情况下，环境保护部分的内容包括概述、环境现状、环境影响初步评价、工程方案环境合理性分析、环境保护措施、环境管理与监测计划、环境保护投资估算及评价结论和建议。主要图表包括工程建设及影响流域水系图、工程区环境保护敏感目标分布图、环境保护措施体系布局图，同时应形成环境影响评价支撑性文件。

2. 水土保持

水土保持评价与环境保护评价类似，应概述相关内容与成果。一般，水土保持评价坚持重点突出原则、"三同时"制度原则和生态优先原则。

重点突出原则。在工程水土流失防治工作中，有针对性地对水土流失防治重点区域（如弃渣场等）进行防治措施设计，制定切合实际、操作性强、投资少、效益好的水土保持措施。

"三同时"制度原则。按照同时设计、同时施工、同时投产的"三同时"制度，坚持"预防优先、先拦后弃"，有效控制水土流失。

生态优先原则。在水土保持工作中，以防治水土流失和增加生态效益为主要目标，实现生态与经济和谐的可持续发展。

水土保持制约性因素应根据《中华人民共和国水土保持法》及相关规范性文件逐条分析和评价，工程在规划选址、施工布置等方面基本满足规范的约束性规定，同时满足南方红壤区和点状项目的特殊规定。

工程建设区应避开国家级水土流失重点防治区，避开市级和县级水土流失重点防治区，工程建设应不涉及和影响饮水安全、防洪安全、水资源安全，不涉及重要基础设施建设、重要民生工程、国防工程等项目。

工程建设区应不涉及水土流失严重、生态脆弱的地区。

工程建设区应不涉及泥石流易发区、崩塌滑坡危险区及易引起严重水土流失和生态恶化的地区。

工程建设区应不涉及全国水土保持监测网络中的水土保持监测站点、重点试验区，不占用国家确定的水土保持长期定位观测站。

工程建设区应未处于重要江河、湖泊以及跨省（自治区、直辖市）的其他江河、湖泊的水功能一级和二级饮用水源保护区，不涉及自然保护区、世界文化和自然遗产地、地质公园、重要湿地等。

水土保持部分的编制应概述工程的土石方开挖、弃渣、主体工程、施工布置方案并对其进行水土保持限制性因素分析与评价，初步预测并分析水土流失量和新增水土流失量，分析水土流失危害，对主体工程方案进行水土保持分析。水土保持措施应初步拟定防治分区保护措施，初步明确防洪、排水、拦挡涉及标准及建筑物等级，水土保持监测和管理方案。

一般情况下，水土保持部分的内容包括概述、水土流失现状、水土保持制约性因素初步分析、水土流失预测及危害分析、水土流失防治目标、水土流失防治责任范围及防治分区、水土流失防治措施、水土保持管理与监测计划、水土保持投资估算和初步评价结论。主要图表包括水土保持措施体系布局图，同时应形成水土保持支撑性文件。

3.1.7 工程布置及建筑物

与大型水电站工程有区别的是，抽水蓄能电站主要由上水库大坝、输水系统、地下厂房及地面开关站、下水库大坝及泄洪建筑物等永久性建筑物组成。工程布置及建筑物部分编制的主要目的是确定以上建筑物的位置、尺寸、结构形式与布置方式。

这部分内容需初步确定工程等别、主要建筑物级别及相应的洪水设计标准、主要建筑物的抗震设防标准及相应的抗震设计参数。

根据 NB 35047—2015《水电工程水工建筑物抗震设计规范》，确定工程大坝、溢洪道等壅水、泄水建筑物、输水系统及地下厂房等的抗震设防类别、抗震设防烈度、地震动水平加速度峰值等。

结合水文、工程地质、工程规划成果，初步选定代表性坝址、厂址和输水线路，需要重点考虑的是工程施工、工程量、工程投资、动能经济指标等条件和运行要求。初步选定坝址后，应根据地形地质条件及枢纽布置要求初步拟定坝线和坝型，一般需做多种方案，对水力学、结构和整体稳定计算进行比选论证。对于地质条件复杂、建筑结构设计与建设经验不足的工程，应进行必要的初步论证，提出初步处理措施，列出代表性方案中各主要建筑物的工程量。

此外，工程布置及建筑物部分的内容还应重点关注规划阶段审查意见的落实情况。

各类坝型的选择还应重点考虑开挖料的可利用性。

本阶段的地质成果一般通过地表出露现象和钻孔揭露的地质成果分析得出，无须开展长探洞工作。但在当前抽水蓄能发展高压态势下，本阶段可布置长探洞，而且在可行性研究阶段和建设阶段还能被工程再次利用，甚至与通风兼安全洞、进厂交通洞等影响直线工期的辅助洞室结合。

为减少工期，建议本阶段将输水系统竖井方案纳入比选，在具备竖井施工方案和满足运行条件时，可选择竖井方案，因其施工安全性和工期控制有一定优势。

工程布置及建筑物部分的内容包括工程等别和设计标准、设计依据和基本资料、枢纽布置方案比选、推荐方案枢纽布置、主要建筑物、推荐方案主体建筑物工程量。其中，枢纽布置方案比选和主要建筑物主要考虑上水库大坝、输水系统、地下厂房及地面开关站、下水库大坝及泄洪建筑物等。主要图表包括坝址或库址、厂址比较平面位置图及必要的剖面图，代表性方案的枢纽平面布置图，主要建筑物布置图及剖面图，比较方案的枢纽平面布置图和主要建筑物剖面图，以及坝址或库址、厂址方案比较汇总表，枢纽布置方案比较汇总表和代表性方案的主要工程量汇总表。

3.1.8　机电及金属结构

在工程规划、工程布置与建筑物等相关成果基础上，对水力机械、电气、控制保护和通信、机电设备布置、金属结构等进行初步设计。

其中，水力机械可根据水能参数中最高扬程和最小水头比，初步拟定与机电设计相关的电站的水轮机或水泵水轮机形式，以及单机容量、台数、主要参数、安装高程、主要附属设备形式和参数等。

机组单机容量的选择是关键，在兼顾机组设计、制造难度和水平的基础上，尽量选择单机容量大、台数少的方案，这样有利于降低电站的工程投资金额，同时应考虑机电设备的大件运输和枢纽输水系统的布置等综合因素。

目前，国内外 600~800m 水头段抽水蓄能电站已有多个电站多台机组投入运行（见表 3-1），机组单机容量为 200~450MW。其他参数还有水头变幅和水轮机额定水头及比转速和额定转速。

表3-1　国内外 600～800m 水头段部分混流式水泵水轮机参数统计表

序号	电站名	水轮机工况					水泵工况								
		H_{tmax}/H_r/H_{tmin} (m)	Q (m³/s)	P (MW)	n_s (m·kW)	K_t	H_{pmax}/H_{pmin} (m)	Q (m³/s)	P (MW)	n_q (m·m³/s)	K_p	n_r (r/min)	H_s (m)	H_{pmax}/H_{tmin}	H_{tmax}/H_r
1	日本葛野川（Kazunogawa）日立、三菱、东芝 1999年	728	66.7	412	84.87	2290	778	44.1	391	22.54	3320	500/	-98	1.142	1.02
		714	68.2	412	86.96	2324	723	52	438	25.86	3606	480~520			
		681	66.7	384	89.06	2324									
2	日本神流川（Kannagawa）东芝、日立 2005年	675	82.9	463	98.89	2569	728	50.0	399	25.2	3870	500	-104	1.18	1.034
		653	85	463	103.1	2635	677	60.0	464	30.3	3960				
		617	82.3	435	107.2	2664									
3	日本小丸川（Omarugawa）日立、三菱、东芝 2007年	681.0		308	95.72	2498	713.4	33.5	16.4	25.16	3473	600/	-75	1.128	1.037
		657.0		308	100.1	2566	668.9	39.3	308	28.60	3761	576~624			
		632.4		287	101.4	2549									
4	日本茶拉（Chaira）东芝 1994年	676.8		216	80.8	2102	701	21.3	220	20.33	2769	600	-62	1.21	1.081
		626		216	85.7	2144	613.4	29.5		26.44	3259				
		578		171	87.5	2105									
5	日本西龙池 东芝、三菱、日立 2009年	687.7	49.4	306	78.5	2060	703	35.6	268.3	22	2983	500	-75	1.149	1.075
		640	54.1	306	85.9	2174	634	46.1	319.6	27	3365				
		611.6	52.4	282	87.3	2159									

续表

序号	电站名	水轮机工况 H_{max}/H_r/H_{min} (m)	Q (m³/s)	P (MW)	n_s (m·kW)	K_t	水泵工况 H_{pmax}/H_{pmin} (m)	Q (m³/s)	P (MW)	n_q (m·m³/s)	K_p	n_r (r/min)	H_s (m)	H_{pmax}/H_{min}	H_{tmax}/H_r
6	中国天荒坪 Kvaerner, GE, Elin 1998年	603.7 / 526 / 512	62.08	336.6	96.94	2382	614	43.6	287.5	26.77	3302	500	−70	1.20	1.148
7	中国敦化 东电,哈电 2019年	694.3 / 655 / 638	57.4 62.43 61.6	357 357 341.2	83.8 90.2 91.1	2209 2307 2301	712 / 661	45.7 50.6	352.7 360.4	24.5 27.3	3380 3557	500	−94	1.12	1.06
8	中国绩溪 东电 2019年	637.3 / 600 / 565.1	54.1 57.8 56.1	306 306 278.3	86.4 93.1 95.7	2181 2281 2276	651.4 / 586	40.2 48.76	282.3 320	24.6 29.3	3170 3491	500	−85	1.153	1.062
9	中国长山 (1~4号) 东电 2021年	750.3 / 710 / 701.7	53.6 57 56	357 357 334	76.2 81.5 83.1	2085 2172 2168	764.2 / 701.9	40.3 47.6	335.7 362	21.8 25.3	3174 3450	500	−94	1.122	1.056
10	中国长山 (5~6号) VHS 2021年	750.7 / 710 / 682.6	53.6 57 56	357 357 334	91.4 97.8 99.7	2502 2606 2603	764.2 / 701.9	41 47.6	342 362	26.4 30.4	3845 4140	600	−94	1.122	1.056

关于水头变幅和水轮机额定水头。根据国内外经验，高水头抽水蓄能机组水轮机额定水头一般选在电站算术平均水头附近或最大水头与额定水头之比小于1.11，这样有利于水泵水轮机的水力设计和运行稳定性。从水泵水轮机水力设计考虑，过低的额定水头会加大机组过流量，并距最优工况区较远，高水头工况运行效率低，水泵工况高扬程运行稳定性有不好的趋势，最好采用较高的水轮机额定水头，这样可使其运行稳定性有所改善。但从电站运行条件和在电力系统中承担的调峰填谷任务看，水轮机在低于额定水头的运行区域时，出力会受阻。随着额定水头的抬高，电站出力受阻时间和受阻容量增加，从而削弱电站在电力系统中承担的调峰能力，并且对电站的经济指标有影响。

关于比转速和额定转速。水轮机比转速及其比速系数 K 是衡量水轮机能量特性、经济性和先进性的综合指标。为了缩小机组及厂房尺寸，节省投资，提高电站的经济效益，在可能的条件下，一般倾向于选择较高的比转速和比速系数。根据有关统计，20世纪70年代后制造的单级水泵水轮机水泵工况 K_p 值多为 2500~3500，最高可达 3600~4100，如日本小仓（Kokura）达到 4159，国内长龙山（600r/min 的 5 号、6 号机）达到 4140，日本神流川（Kannagawa）达到 3960，国内广州抽水蓄能电站一期达到 3873。20世纪70年代后制造的单级水泵水轮机工况 K_t 值多为 2000~2600，最高的可达 2780，国内桐柏抽水蓄能电站达到 2730。随着水泵水轮机水力设计和制造水平的提高，水泵水轮机的比转速总体在提高，不过受到水泵水轮机制造、埋深等各种因素的相互制约，比转速水平并未持续上升。

本阶段一般通过国内外相关经验公式计算水泵工况转速、水轮机工况比转速、电站空化系数及吸出高度（见表3-2）。

表3-2　水轮机相关经验公式统计表

公式来源	水泵工况比转速计算公式	水轮机工况比转速计算公式	电站空化系数（σ_P）	吸出高度
清华大学（1954—1984年）	$n_q = \dfrac{171-0.128H}{3.56}$	$n_s = \dfrac{16\,000}{(H_t+20)}+50$	—	—
北京院（1978—1985年）	$n_q = 1714H_p^{-0.6565}$	$n_s = 6860H_t^{-0.6874}$	$\sigma_p = 0.004\,81n_q^{0.971}$	—
东芝公司	$n_q = 3000H_p^{-0.75}$	$n_s = 20\,000/$ $(H_t+20)+50$	—	$H_s = 10-(1+H_p/1200)$ $(K_p^{1.25}/1000)$
富士公司（最大）	$n_q = 856H_p^{-0.5}$	—	—	—
塞而沃（意大利）	$n_q = 564.5H_p^{-0.48}$	$n_s = 1825H_t^{-0.481}$	—	—

公式来源	水泵工况比转速计算公式	水轮机工况比转速计算公式	电站空化系数（σ_P）	吸出高度
美国	$n_q = 750/H_p^{0.5}$	—	$\sigma_P = 0.001\,37n_q^{1.25}$	—
中国水电顾问集团	$n_q = 905.75/H_p^{0.526\,607}$	$n_s = 28\,158H_t^{-0.938\,107}$	$\sigma_p = 0.005\,24n_q^{0.918}$	—

鉴于这些统计公式的计算结果多代表较早投产的水泵水轮机参数平均水平，新建抽水蓄能电站水泵水轮机比转速、额定转速及比速系数的选择应参照近期国内外投入运行的类似水头段的水泵水轮机参数水平。

通常，从经济指标方面看，随着机组转速提高，尺寸减小、重量减轻、造价相应减少，同时厂房尺寸缩小、土建投资降低。但随着机组转速的提高，水泵水轮机比转速也增加，机组空化性能下降。为满足空化特性，电站吸出高度绝对值需增大，要求埋深需增加。为选择更合理的参数水平，提高经济性，下个阶段需结合制造厂家意见，并综合考虑水泵水轮机效率、空化和稳定性等因素，针对机组比转速和额定转速进行进一步比较和分析。

水泵水轮机转轮首先发生空蚀的部位为沿叶型表面的低压区和叶片头部与水流发生撞击后的脱流区。在水泵工况时，因为低压区和进口撞击区都发生在叶片进口处，所以水流的动压降比较大，空化性能较差。由此可见，机组的吸出高度 H_s 由水泵工况决定，水泵比转速越高，要求的淹没深度越大。

在水力机械方面，应对水泵最大功率、机组运行稳定性和泥沙磨损进行初步分析，同时从调节保证设计、水力过渡过程、水泵水轮机附属设备、主厂房桥机等方面提出初步成果，并列出水力机械主要设备清单。

在电气方面，电气接入系统方案应对接入方式、送电方向、出线电压、落点、输电距离、送点容量和出现回路数进行简述。初步比较拟定水泵工况启动接线方案，并初步比较拟定发电机或发电电动机、发电机电压设备、主变压器、高压配电装置及高压引出线等主要电气设备的形式和主要技术参数。同时，总体设计电站过电压保护及接地方案。关于厂用电方案应初步拟定厂用电电源的引接方式。

抽水蓄能电站具有"调峰"和"填谷"的双倍容量功能，可发挥电网"储能器"的作用，优化系统电源结构，增加电网的调峰容量，在保障核电安全稳定运行、提高能源利用率及帮助区外水电合理消纳等方面具有不可替代的优势，从而促进核电、风能和太阳能发电等新能源的发展。此外，由于抽水蓄能电站的投入，使得核电、风能和太阳能发电及区外来电的利用率提高，有助于降低电力系统燃料消耗，从而提高电网的运行经济性。应结合区域远景负荷情况，并考虑抽水蓄能电站在电网中的作用，根据合理布局、分散布置的原则，确定抽水蓄能电站送出方向。送出方向不同对于项目后续各类手续办理的影响也不同，若涉及多省份消纳时，则需要多区域主管部门相互协调。

关于接入方式，本阶段应根据区域内电网现状及规划提出最佳接入方式，而下个阶段将根据接入电力系统设计实施单位对电力平衡分析及潮流计算结果，最终确定电站的接入方式。

关于电气主接线，本阶段应根据 NB/T 10878—2021《水力发电厂机电设计规范》，并考虑抽水蓄能电站运行工况改变时操作的方便性和灵活性，尽可能简化电气主接线，以达到技术先进、经济合理的目的。

根据抽水蓄能电站的装机规模及其在电网系统中的作用，对发电电动机组与主变压器的组合方式进行初步比选，一般情况下有单元接线、联合单元接线和扩大单元接线等方案。在下个阶段还应根据接入系统的要求进一步进行经济技术方面的比较。

电气主接线应考虑抽水蓄能电站的特点，对方案的可靠性、灵活性和经济性进行综合比较。参考国内外抽水蓄能电站的电气主接线，并结合电站的特点，对高压侧接线初步拟订方案进行比较。一般初步拟订方案有内桥接线、四角形接线、单母线接线和单母线分段接线等。

同时，本阶段还应对机组启动、同期及换相方式、保安电源和应急电源等进行初步分析和设计。厂用电接线、高压配电装置选型和主要电气设备选择与接入系统方式、电气主接线方式的选择息息相关。

抽水蓄能电站控制、保护和通信系统的设计应充分满足安全、可靠、经济运行的需要，并满足接入系统的要求。如天台抽水蓄能电站受华东调控分中心和浙江省调控中心两级调度管理，配置满足上述调度部门对电站进行远方实时监控所需的调度自动化系统设备，以保障调度部门对电厂进行调度管理的需要。具体的调度方式根据接入系统的设计来明确。

抽水蓄能电站厂房多为地下厂房，参考在建相似电站的水泵水轮机流道尺寸和发电电动机尺寸，并根据以往电站的运行经验，可初步拟定主厂房机组间距、安装场长（包括安装副厂房）、厂房跨度等尺寸及布置方案。

金属结构和工程规划、工程布置与主要建筑物、水力机械相关成果密切相关，同时和电站导流方式相关，需要初步拟定的主要有金属结构形式、主要参数、布置方案、运行方式及主要工程量估算等。如天台抽水蓄能电站金属结构主要包括上下水库进出水口拦污栅及启闭设备，厂房尾水事故闸门及启闭设备，下水库进出水口检修闸门、拦污栅及启闭设备，下水库导流泄放洞事故闸门及启闭机，下水库导流泄放洞出口弧形工作闸门及启闭设备和主要金属结构工程量表。

通风空调系统及防排烟系统设计主要针对的是地下厂房通风空调系统和主要疏散通道防排烟系统。通风空调系统设置的目的是使上述场所的温度、湿度等环境参数满足设备运行的需要，以及满足运行人员劳动安全和工业卫生的要求。由于地下厂房距地面较远，垂直疏散较困难，为保证人员安全疏散和消防人员及时到达救援，建议在副厂房防烟楼梯及前室设置正压送风系统。火灾发生时由消防控制执行开启楼梯间及相应电梯前室的正压送风口，并联动开启正压送风机，为楼梯间和电梯前室送风以阻止火灾烟雾侵入。

抽水蓄能电站消防设计与枢纽总体布置统筹考虑，电站所设工程消防系统覆盖地下厂房、上水库、下水库、开关站等各主要生产运行和管理场所，能有效扑灭电站以电气和油品为主的火灾，及时扑灭初期火灾，保障生产管理人员的安全生产和安全疏散。公用消防设施有消防供水、消防供电、应急照明、自动报警和通风排烟系统，并设有消防车道可到达地下厂房、开关站、生产管理区等主要生产生活场所。

机电及金属结构部分的主要内容包括电站概况、水力机械系统、电气系统、控制系统、保护和通信系统、主要机电设备布局、金属结构、通风空调系统及防排烟系统设计和消防设计等。主要图表包括电力系统地理接线图，电气主接线方案比较图，电气主接线图和开关站电气设备布置图，机型、台数方案比较表，电气主接线方案比较表，主要机电设备表和金属结构设备特性表等。

3.1.9　施工组织设计

施工组织设计是施工总布置规划和施工总进度安排的重要基础。首先，对工程的外部条件进行分析，如对外交通条件、水文气象条件、建筑材料与水电供应条件等；其次，从枢纽布置特点、地形地质条件和施工场地条件等方面进行初步分析，如从通航、排水、下游供水等方面的要求分析施工的要求。

抽水蓄能电站一般存在上下水库高程差大、距离远的特点，为了方便施工和生活，施工工厂及临时设施大部分采用分区与相对集中结合的布置方案，形成上水库施工区和下水库施工区两个大的施工区域后再进行综合规划布置。

工程所需建筑材料包括围堰防渗土料，筑坝使用的坝体堆石料、过渡料、垫层料及反滤料，工程所需的混凝土骨料等。库盆、输水系统、地下厂房洞室群及上下水库进出水口有大量的开挖石料，在满足质量要求的前提下宜结合工程布置优先选用，不足部分可由上下水库石料场开采补充。这部分内容需结合工程特点初步分析料源和供应能力。

工程建设所需外来物资主要包括水泥、粉煤灰、钢筋钢材、木材、火工材料和油料等，需初步分析上述材料的市场环境和供应条件。

施工供水包含施工用水和生活用水，施工供电包含主电源、备用电源和事故电源等，需结合周边环境分析工程建设前期及建设高峰期的需求和供应条件。

一般，抽水蓄能电站上下水库集水面积不大，多年平均流量较小，施工导流与大江大河上的大水电存在较大差异。导流、防汛压力相对较小，应在导流方式方面进行深度设计，避免施工导流方案对枢纽工程技术经济指标或枢纽布置格局产生影响。施工期生态流量一般采用预埋于导流泄放洞衬砌中的生态泄放管泄放，甚至通过抽排也能满足要求。

施工组织设计部分还需初步分析蓄水计划，计算初期蓄水水账。

结合工程布置及建筑物部分，初步拟定坝型、坝高，对混凝土骨料、石料、土料等各种料源的分布、储量、质量、开采运输条件进行初步拟定，并配套料源开采、运输及加工方案。

主体工程包括上水库工程、输水发电工程、下水库工程、施工通风及排水工程和机电设备安装工程。

上水库工程应重点考虑施工道路布置、大坝坝基开挖填筑、趾板及面板施工、库盆施工、大坝及库盆基础处理。

输水发电工程应重点关注施工通道布置，其合理与否会直接影响工程的施工进度。此外，应考虑各洞室的施工方法及施工进度的要求，并充分利用永久洞室作为施工通道。

两级斜井的引水系统主要由上水库进出水口、上水库事故闸门井、引水上平洞、上斜井、中平洞、下斜井、下平洞、引水岔管和引水支管等组成。施工内容主要有洞室开挖支护、混凝土衬砌浇筑、钢管衬砌安装及混凝土回填。

地下厂房系统主要由主副厂房洞、主变洞、尾闸洞、母线洞、500kV出线洞、进厂交通洞、通风兼安全洞、排水廊道及地面开关站等组成。

主副厂房及安装场的开挖根据地质条件、开挖施工机械设备的性能、施工通道布置进行分层。

从施工组织看，通风兼安全洞、进厂交通洞是直接影响输水发电系统工程施工的关键施工通道。

尾水系统由尾水支管、尾水岔管、尾水调压室、尾水隧洞、尾水检修闸门塔和下水库进出水口等组成。其施工程序与施工方法与引水系统基本相同，但尾水调压室施工相对复杂。

与上水库不同的是，下水库有导截流工程和溢洪道工程的施工。

施工通风、排水及引水发电系统一般布置于地下，开挖施工期的通风散烟会极大地制约开挖循环周期，从而影响开挖进度。地下洞室最有效的通风方法是利用洞室顶部的排风洞与其他各洞组合进行通风，即采用洞室顶部的排风洞排风、下部各洞进风的方式进行循环通风，应尽早贯通与主变排风洞连通的排风竖井，以便地下厂房、主变洞等大洞室第一层开挖完成后，即可利用该排风竖井通风。

施工交通运输应根据外来物资要求、对外交通现状及区域近期交通规划，初步拟定重大件运输方案及场内道路规划。

关于施工总布置，应根据工程枢纽布置及施工特点，结合施工场地条件，考虑影响施工总布置格局的各种主要因素，在进行总体布局研究时遵循以下原则。

（1）因地制宜，有利生产，方便生活，环境友好，节约资源，经济合理。

（2）施工布置力求协调紧凑，节约用地，尽量利用荒地、滩地、坡地和水库淹没区土地，少占用耕地和经济林地，最大限度减少对当地群众生产生活的不利影响。

（3）注重环境保护及水土保持，防止生态破坏。

（4）联系密切、相互协作的施工工厂和临时建筑设施尽量采用集中布置的方式，以加强协作，减少公用设施。

（5）砂石加工系统、混凝土生产系统等临时建筑设施应尽量靠近施工现场。主要施工工厂设施和临时建筑设施的布置应考虑施工期洪水、度汛水位的影响，防洪标准满足规程规范要求。

（6）施工管理和生活区应考虑日照、噪声、水源水质等因素，生活设施和生产设施应有明显的界线。

（7）施工总布置规划应兼顾地方近期发展规划，使得施工临时建筑设施能够合理利用。

进行施工总布置时，应对混凝土生产系统、砂石料加工系统、炸药库、仓库渣场等进行合理规划，不仅要满足不同阶段的施工需要，还要考虑将永久建筑物和临时建筑物结合，同时满足相关政策法规的要求，如混凝土生产系统、砂石料加工系统等临时用地不得占用基本农田，炸药库、仓库等与生产生活用地保持一定距离等。渣场布置不仅要充分考虑不同阶段土石方动态平衡要求，还应在规划时考虑水土保持的强制条款要求，渣场下方不允许有建筑物、公共设施等。

施工总进度计划按关键线路法编制，根据各单项工程的施工方法及所需的施工工序时间分别安排进度，并充分考虑各单项工程间的逻辑关系，编制工程总进度计划，初步比较并提出第一台机组发电年限和总工期。

施工准备工程主要包括临时道路的修建，水电、通信及临时生产生活设施的建设，施工工厂设置及相应的场地平整等。

主体工程施工进度与主体工程施工方法密切相关，同时与工程价值追求有一定关系。在当前抽水蓄能发展态势下，应在质量、安全、环保、投资满足要求的基础上，优化和突破施工进度的难题。同时，直接影响施工组织设计和施工进度安排的还有移民搬迁控制进度和劳动力市场情况。另外，在大批量抽水蓄能项目核准开工的环境下，各类资源都将成为行业制约，大力发展数字化、信息化和智能化施工技术和管理手段是当前需要重点攻关的内容。

施工组织设计部分的主要内容包括施工条件、施工导流、料源规划、主体工程施工、施工交通运输、施工总布置规划、施工总进度和主要技术供应情况。主要图表包括对外交通图、施工导流布置图及方案比较图、施工总布置图，以及工程量汇总表和施工总进度表。

3.1.10 投资估算

投资估算是指估算拟建项目建设期所需固定资产投资和投产后所需生产流动资金。投资估算是项目基本经济数据预测的重要环节。估算得准确与否直接影响项目建成投产后的企业成本和收益，是项目投资和贷款决策的关键因素。国内外有很多投资估算方法，如单位生产能力投资估算法、生产规模指数估算法、比例投资估算法、相关投资系数估算法和概算法等，一般可根据工程项目的性质、估算条件和前期工作的要求，选择合适的方法。

投资估算贯穿于整个建设项目投资决策过程。投资决策过程可分为项目的投资机会研究或项目建议书阶段、预可行性研究阶段和可行性研究阶段。投资估算工作也分为三个阶段。因为不同阶段具备的条件和掌握的资料不同，对投资估算的要求也各不同，所以投资估算的准确程度在不同阶段各不相同。由此可见，每个阶段投资估算所起的作用也不同。

1. 投资机会研究或项目建议书阶段

这个阶段主要是选择有利的投资机会，明确投资方向，提出大概的项目投资建议，并编制项目建议书。该阶段投资额的估算一般是通过与已建类似项目的对比得来的，投资估算的误差率约30%。这个阶段的投资估算是相关管理部门审批项目建议书，初步选择投资项目的主要依据之一，对预可行性研究及下个阶段的投资估算起指导作用，能够决定一个项目是否真正可行。

2. 预可行性研究阶段

这个阶段主要是在投资机会研究结论的基础上，理清项目的投资规模、原材料来源、工艺技术、厂址、组织机构和建设进度等情况，进行经济效益评价，判断项目的可行性，作出初步投资评价。该阶段是介于项目建议书和可行性研究之间的中间阶段，误差率需要控制在20%左右。这个阶段是作为决定是否进行可行性研究的依据之一，同时也是确定某些关键问题需要进行辅助性专题研究的依据之一，可对项目是否真正可行作出初步决定。

3. 可行性研究阶段

这个阶段主要是进行全面、详细、深入的技术经济分析论证的阶段，要评价选择拟建项目的最佳投资方案，对项目是否可行提出结论性意见。该阶段研究内容详尽，投资估算的误差率应控制在10%以内。这个阶段的投资估算是进行详尽经济评价、决定项目可行性、选择最佳投资方案的主要依据，也是编制设计文件、控制初步设计及概算的主要依据。

根据编制规定，抽水蓄能电站工程投资估算部分分为枢纽工程、建设征地移民安置补偿、独立费用三部分。枢纽工程包括施工辅助工程、建筑工程、环境保护及水土保持专项工程、机电设备及安装工程、金属结构设备及安装工程 5 项；建设征地移民安置补偿包括水库淹没影响区补偿和枢纽工程建设区补偿 2 项；独立费用包括项目建设管理费、生产准备费、科研勘察设计费、其他税费 4 项。

枢纽工程投资估算编制说明包括人工预算单价、材料预算价格及电、风、水、砂石料、混凝土材料单价和施工机械台时费等基础单价的计算方法和成果，建筑安装工程单价编制方法及有关费率标准，施工辅助工程各项目采用的编制方法、造价指标和相关参数，环境保护和水土保持专项投资估算计列原则和方法，主要设备原价确定情况、主要设备运杂综合费计算情况、其他设备价格和设备安装工程费编制方法等。总估算编制说明主要包括分年度投资和资金流、基本预备费、价差预备费、建设期利息等的计算原则和方法。

根据《国务院关于调整和完善固定资产投资项目资本金制度的通知》（国发〔2015〕51 号），电力项目资本金按总投资的 20%，且按当年总投资的 20%同等比例投入，其余资金由银行贷款。第一台机组投产前产生的债务资金利息全部计入总投资，第一台机组投产后产生的利息根据机组投产时间按其发电容量占总容量的比例进行分割后计入总投资，其余部分计入生产经营成本。

一般情况下，投资估算部分的内容较简单，主要包括编制说明、投资估算表和投资估算附表。其中，编制说明包括工程概算、投资主要指标、主要编制原则和依据、项目划分、枢纽工程估算编制、建设征地移民安置补偿费用、独立费用、预备费和建设期利息、其他需说明的问题及主要经济技术指标简表等。管理者应重点关注的成果有工程总投资、枢纽工程、施工辅助工程、建筑工程、环境保护和水土保持专项工程、机电设备及安装工程、建设征地移民安置补偿费用、独立费等估算表，分年度投资汇总表和资金流量汇总表。必要时，应对建筑工程单价汇总表、安装工程单价汇总表、主要材料预算价格汇总表、施工机械台时费汇总表和主要工程主量汇总表进行研判。

3.1.11　经济评价

经济评价部分是根据《建设项目经济评价方法与参数（第三版）》《抽水蓄能电站经济评价暂行办法》和《国家发展改革委关于完善抽水蓄能电站价格形成机制有关问题的通知》（发改价格〔2014〕1763 号）等文件，对抽水蓄能电站进行国民经济评价和财务评价。

可避免电源方案是根据电站所在电力系统电力发展规划确定的负荷水平、负荷特性及电源结构，在同等程度满足设计水平年电力电量和调峰需求的基础上，通过系统电源优化规划选定的替代方案。

可避免电源方案作为设计方案的替代方案，应是除设计方案外的最优方案。一般会根据地区能源资源条件和电力发展规划，以煤电机组、燃气轮机和抽水蓄能电站对调峰电源方案进行比较，结论是抽水蓄能电站方案为最优方案，其次是煤电方案，故一般选用煤电方案作为可避免电源方案。

根据《抽水蓄能电站经济评价暂行办法》，选用的可避免电源方案可作为国民经济评价的替代方案，同时在还未出台抽水蓄能电站标杆容量电价时，采用可避免成本测算的容量价格作为财务容量电价评价的指标。

国民经济评价采用替代法进行分析，即以替代方案的投资和运行费作为项目的效益，以设计方案的投资和运行费作为项目的费用，计算各项经济评价指标，测定项目对国民经济的净效益，评价项目的经济合理性。

国民经济评价还应针对主要因素进行敏感性分析，以考察各项因素变化对抽水蓄能电站经济内部收益率、经济净现值等指标的影响程度。以天台抽水蓄能电站为例，对设计电站投资增加 5%、10% 方案和替代电站投资减少 5%、10% 方案进行敏感性分析，从而判断本项目在经济方面是否有一定的抗风险能力，是否具有经济可行性。

财务评价是根据国家现行财税制度和价格体系，分析计算项目的财务效益和费用，编制财务报表，计算财务指标，考察项目盈利能力、清偿能力等财务状况，以判断财务可行性。财务评价主要包括对工程项目的建设投资、流动资金的说明，提出资金筹措方案，计算建设期利息等。同时应测算经营期平均上网电价，计算工程清偿能力、盈利能力等财务评价指标，分析市场竞争力。对长距离输电的抽水蓄能电站应估算分析输电电价。同国民经济评价一样，财务评价还应针对主要影响因素进行敏感性分析，以评估该项目的抗风险能力。

经济评价结论主要是明确该抽水蓄能电站在经济上的合理性，财务上的可行性，是否具备一定的社会效益，是否是一个较好的大型调峰电源点，其兴建是否会对地区经济发展起积极的推进作用。

一般情况下，经济评价部分的主要内容包括概述、可避免电源方案、国民经济评价、财务评价、综合评价和经济评价附表等。其中，国民经济评价应包括费用计算、效益计算、计算期及社会折现率、国民经济评价指标、国民经济评价结论和敏感性分析；财务评价应包括资金筹措、基础数据、费用计算、上网电价、电站发电收入、偿债能力分析、盈利能力分析、可避免成本分析和财务评价结论；经济评价附表应包括建设投资估算表、国民经济评价效益费用流量表、投资计划与资金筹措表、总成本费用估算表、利润与利润分配表、借款还本付息计算表、资金来源与运用表、项目资本金财务现金流量表、项目投资财务现金流量表、资产负债表和财务指标汇总表。

3.1.12　综合评价和结论

综合评价和结论部分的主要内容包括概述工程任务和建设必要性、工程建设方案技术可行性、工程建设征地移民安置、环境保护和水土保持、工程效益及经济评价、研究结论及下个阶段主要工作建议等方面的主要结论。

其布局主要是工程建设必要性、工程建设条件和结论。

3.2　可行性研究

在政府批准项目建议书的基础上，投资企业可继续优选相关设计单位开展可行性研究设计工作，由地方政府指定的专业咨询机构组织审查可行性研究报告。这个阶段主要是完成项目的建设方案。

根据国务院关于投资体制改革的决定，企业投资建设水电工程实行项目核准制，投资企业须向政府投资主管部门提交项目核准申请报告，水电工程可行性研究报告是项目核准申请报告编制的主要依据。考虑各地核准政策不同，投资企业需就可行性研究报告的内容事先向省级主管部门汇报，根据相关要求作相应调整，以满足核准要求。

在进行可行性研究报告编制时，投资企业既要协调好与项目核准工作的关系，又要充分兼顾实施阶段的需求。在满足当前抽水蓄能电站建设越来越快的要求下，高度重视项目的可实施性。

可行性研究报告的编制主体是设计单位，可行性研究成果可体现设计单位的技术实力和管理水平，也是一个设计单位企业文化的外在表现。有的设计单位提出"严谨求实，优质守信，开拓创新，团结奋进"；有的设计单位提出"科学管理、持续改进，奉献优质产品。技术创新、诚信服务，超越顾客期望。生态优先、以人为本，建设绿色工程。合作共赢、追求卓越，创造持续成功"。

这些企业文化价值观的表述，反映了不同企业特质的差异，总体上体现了企业的发展理念、价值追求和行为方式，可以分为终极目标和功能目标两大类。了解设计单位的特点对投资企业管理好设计工作非常重要。

如果说规划阶段主要回答的是宏观需求的"要不要"的问题，那么预可行性研究阶段主要是排除制约因素，解决单个项目在政策法规及社会经济环境方面"行不行"的问题。此外，可行性研究阶段要解决"好不好"的问题，比如，项目建设目标能否如期实现，风险化解程度如何，投资控制可行与否，质量安全状况好与差，效益能否充分发挥等，这在一定程度上取决于本阶段的工作深度。

可行性研究成果需要形成项目的全貌，需要回答技术上行不行和经济上划算不划算这两个重要问题。从技术条件、建筑物布置设计、机电设备研发制造、环境保护、移民安置、建设投资和建设工期等方面进行深入分析研究，详细地进行计算和比较，科学地试验和验证，形成完善的设计报告，为项目建设实施做好技术准备。也就是说，这个阶段提出的技术方案是切合实际的，并在以往工程实践基础上有所创新；拟定的建设工期处于当下平均先进水平，投资概算和经济评价符合现阶段政策条件和物价水平，并就经济指标进行敏感性分析。换句话说，即使有一些条件发生变化，经济指标也是可以接受的。

可行性研究阶段提出的技术先进、经济优越的设计方案，需要通过设计单位和投资主体共同工作来获得。总之，可行性研究是项目实施前最重要、最全面的技术、经济、社会、环境论证阶段，为项目进入实施阶段前的决策工作提供完整深入的量化依据。

3.2.1 可行性研究工作的流程与重点

可行性研究是在预可行性研究的基础上安排部署相关工作，需要针对预可行性研究成果深入地分析评价，并根据可行性研究阶段的要求进行全面梳理，以新的视角审视之前工作的基础条件、使用标准、政策环境及主要结论，找出应该深入研究的方面，消除隐患，认识工程的重点与难点，更多地了解关键技术问题，以便更好地实施。之所以开展这项工作，是因为抽水蓄能电站的开发除了会受到项目自身条件的制约，还与国家政策调整密切相关，是一个在环境和需求快速变化状态下发展的产业。比如，抽水蓄能电站发展至今，基本都是在省级电网内进行电力电量平衡、发挥系统调峰作用，在优化新能源、应急备用、事故备用和黑启动等方面仅体现在认识方面，并没有从商业模式和电价政策方面落到实处。2021年9月，《抽水蓄能中长期发展规划（2021—2035年）》提出的发展思路是全国统筹，大的趋势是与构建新能源为主体的新型电力系统配套。将来的抽水蓄能电站必将在功能、开发模式和商业模式方面出现灵活多样的局面。

可行性研究是一项系统性的工作，是为项目核准和项目实施服务的，其过程与项目核准过程相互伴随、相互渗透、互为前提，与项目实施关系紧密。可行性研究成果是项目核准的支撑，项目核准又是开工建设的前提，为项目招标提供政策保障，项目建设的必要性在可行性研究阶段始终要重视，这是过程与目标的关系。

根据 NB/T 11013—2022《水电工程可行性研究报告编制规程》，可行性研究的主要目的是对项目建设的必要性、可行性、建设条件等进行论证，并对项目的建设方案进行全面比较，提供科学回答。可行性研究的主要任务是对预可行性研究工作进行补充、复核、完善和深化，对工程场址选择及预可行性研究报告审查提出的意见和问题进行补充、完善，对设计依据的基本资料、设计参数、政策法规、市场情况等进行调查、补充和复核，对工程布置及建筑物、机电及金属结构、施工组织设计、建设征地和移民安置、环境保护设计、水土保持设计、劳动安全与工业卫生设计、节能分析论证、设计概算等进行复核、完善和深化设计。

可行性研究报告主要包括以下内容：

确定工程任务及具体要求，论证工程建设必要性；

确定水文参数和水文成果；

复核工程区域构造稳定性，查明水库地质条件，对坝址、坝线及枢纽布置工程地质条件进行比较，查明选定方案中各建筑物区的工程地质条件，提出相应的评价意见和结论；

开展天然建筑材料详查；

选定工程建设场址、坝（闸）址、厂（站）址等；

确定水库正常蓄水位及其他特征水位，明确工程运行要求和方式；

复核工程的等级和设计标准，确定工程总体布置方式，确定主要建筑物的轴线、路线、结构形式和布置方式、控制尺寸、高程和工程量；

确定电站装机容量，选定机组机型、单机容量、额定水头、单机流量及台数，确定接入电力系统的方式、电气主接线及主要机电设备的形式和布置方式，选定开关站的形式，选定控制、保护及通信的设计方案，确定建筑物的闸门和启闭机等的形式和布置方式；

提出消防设计方案和主要设置方式；

选定对外交通运输方案，确定导流方式、导流标准和导流方案，提出料源选择及料场开采规划、主体工程施工、场内交通运输、主要施工工厂设施、施工总布置等方案，安排施工总进度；

确定建设征地范围，全面调查建设征地范围内的实物指标，提出建设征地和移民安置规划设计，编制补偿费用概算；

提出环境保护和水土保持措施设计，提出环境监测和水土保持规划、环境监测规划和环境管理规定；

提出劳动安全与工业卫生设计方案；

进行施工期和运行期的节能降耗分析，评价能源利用效率；

编制可行性研究设计概算，若是利用外资的工程则应编制外资概算；

进行国民经济评价和财务评价，提出经济评价结论、意见。

以上内容应达到以下深度要求：

内容齐全、结论明确、数据准确、论据充分，以满足决策者定方案定项目的需要；

项目的规划和政策背景要求论证全面、结论可靠；

市场容量及竞争力分析要求调查充分、分析方法适当、预测可信；

选用的主要设备的规格、参数应满足预订货的要求；引进的技术设备的资料应满足合同谈判的要求；

重大技术方案和财务方案应有两个以上方案的比选；

确定的主要工程技术数据应满足项目初步设计的要求；

对建设投资和生产成本应进行分项详细估算，其正负误差应控制在 10% 以内；

可行性研究报告确定的融资方案应满足银行等金融机构信贷决策的需要；

在可行性研究过程中出现的某些方案的重大分歧及未被采纳的理由应供决策者权衡利弊进行决策。

可行性研究报告还应有以下支撑性文件：预可行性研究报告的审查意见，可行性研究阶段专题报告的审查意见、重要会议纪要等，有关工程综合利用、建设征地实物指标和移民安置方案、铁路公路等专业项目及其他设施改建、设备制造等方面的协议书及主要有关资料，水电工程水资源论证报告书，正常蓄水位选择专题报告，施工总布置规划专题报告，枢纽布置格局比选专题报告，防洪评价报告，水情自动测报系统设计报告，地质灾害危险性评估报告，水工模型试验报告，建设征地和移民安置规划设计报告，环境影响报告书，水土保持方案报告书，劳动安全与工业卫生预评价报告及其他专题报告。

可行性研究报告的编制应根据不同类型工程，在工作内容和深度方面有所取舍和侧重，特别重要的大型水电工程或条件复杂的水电工程，其工作内容和深度要求可根据需要适当扩充和加深。

以天台抽水蓄能电站为例，可行性研究阶段需要开展 21 项专项审查报告编制工作，分别是三大专题（正常蓄水位选择、枢纽布置格局比选和施工总布置方案）、地震安全性评价报告、压覆矿产资源评估报告、文物调查评估报告、地质灾害危险性评估报告、水资源论证报告书、防洪评价报告、水工程建设规划专题论证报告、环境影响报告书、500kV 开关站工程环境影响评价报告书、水土保持方案报告书、建设征地实物指标调查工作大纲、建设征地实物指标调查报告、禁建通告、建设征地移民安置规划大纲、建设征地移民安置规划报告、工程安全预评价报告、社会稳定风险分析报告、工程安全监测设计专题报告、职业病危害预评价、可行性研究报告。

其中，17 项需要取得政府行政审批，4 项需要水电水利规划设计总院（以下简称水电总院）审查。

另外，根据项目的特点，需要安排一些技术专题和科学试验工作。以天台抽水蓄能电站为例，完成的报告为《机组参数、结构形式选择及设计制造可行性分析报告》《压力管道设计与施工专题研究报告》《机组主要参数及结构形式选择专题报告》《输水发电系统调节保证设计专题报告》《地下厂房洞室群围岩稳定分析专题报告》《地下厂房布置专题报告》《电气主接线选择专题报告》《特殊地质问题专题研究报告》《复杂条件建筑物布置设计研究》《生态环境保护设计专题》《工程建设与地方经济发展协同建设方案研究》等。

可行性研究阶段有三个专题最重要。

一是正常蓄水位选择专题。装机规模受项目自然条件，主要是上下水库的库容条件限制，原则上在坝高适中的条件下（以中高坝或者坝高100m以下为宜）进行比选。具备多大调节库容决定项目的技术可开发容量，抽水蓄能电站在电力系统中的地位和作用决定项目的经济可开发容量。当系统需求量大时，以充分利用资源条件为原则进行设计。同时，可行性研究阶段要进行详细的供电范围论证，明确开发任务，确定设计水平年，进行电力电量平衡分析，最终通过技术经济比较，确定装机规模。单机容量则主要考虑运行要求和机组设计制造难度，通常是宜大不宜小，这样对节约投资有利。

二是枢纽布置格局比选专题。对枢纽布置方案进行比选时，主要对建筑物形式进行论证，选定布置方案，并对建筑物进行结构设计和计算。抽水蓄能电站的枢纽布置主要比选输水系统的线路、引水系统结构形式、尾水系统结构形式、厂房布置位置及结构形式，其布置是基于长探洞揭露的地质成果选定的。本专题工作开展前需就长探洞布置方案与实施方案进行充分论证和合理安排。

三是施工总布置方案专题。对施工总布置规划和总进度计划进行详细论证、对土石方平衡进行科学合理的分析、对弃渣场位置进行合理选择，在施工方便的前提下进行施工工厂设施和辅助系统布置、对施工所需风水电需求规模和分布进行估算、对场内施工道路进行合理布置，规划对外运输需求和交通方案时应尽可能结合地方交通规划。按照平均先进水平对施工方法进行选择和总进度分析，找出关键线路。施工总布置方案专题是建设征地移民安置规划的前置条件，也是编制工程概算的基础。

正常蓄水位选择专题报告和施工总布置方案专题报告需要进行审查，而枢纽布置格局比选专题报告一般应进行咨询。此外，设计机组时需要与厂家进行技术交流，编写接入电力系统专题时要委托相关电力设计院完成。

可行性研究报告阶段的各项主线工作及工作程序为：制约因素排查复核→可行性研究勘测设计工作大纲编制→基本资料收集→测绘、地质勘探工作成果总结→枢纽布置比选专题报告→正常蓄水位选择专题报告→施工总布置规划专题报告→移民安置规划大纲及报告→水土保持、环境影响报告→工程投资概算、经济评价→可行性研究报告编制→项目申请报告（核准）编制。

3.2.2　可行性研究报告编制

可行性研究报告编制是根据编制规程要求，在预可行性研究报告编制成果基础上开展的深化研究及对预可行性研究报告审查意见的落实。必要时，应开展配套的专题研究。

可行性研究报告涉及的内容及反映情况的数据必须绝对真实可靠，不允许有任何偏差及失误。其中用到的资料、数据都要经过反复核实，以确保内容真实。

可行性研究报告是投资决策前需要完成的工作。它是在事件没有发生之前的研究，是对事务未来发展的情况、可能遇到的问题和结果的估计，具有一定预测性。因此，必须进行深入的调查研究，充分地利用资料，运用切合实际的预测方法，科学地预测未来的情况。

论证性是可行性研究报告的一个显著特点。要使其具有论证性，必须利用系统的分析方法，全面分析影响项目的各种因素，既要进行宏观的分析，又要进行微观的分析。

1. 工程任务和建设必要性

未来短时间内开发常规水电的可能性比较小，而且已有水电站的扩机容量有限，扩机成本较高，电价政策尚未落实，这些原因导致水电工程较难推进。根据水电装机现状，具有日调节能力及以上的水电站，除因机组检修及水库综合利用要求、出力受阻或空闲外，可发挥调峰作用，调峰能力为开机容量的100%；无调节能力的小水电站承担电网基荷作用，不参与调峰。抽水蓄能电站与常规水电站不同，抽水蓄能电站启动迅速，运行灵活，是国内外很多电力系统的首选调峰电源，既可调峰又可填谷，具有双倍的调峰功能，在电力系统中运行可以达到事半功倍的效果。根据相关调研成果，广州抽水蓄能电站从停机到满发一般需要4min，最快只需2min，升降负荷平均速率约150MW/min，从停机到满抽一般需要4~5min。天荒坪抽水蓄能电站从满抽到满发只需8min，紧急情况下只需5min。广州、天荒坪、十三陵等抽水蓄能电站启动成功率均为99%以上。

抽水蓄能电站又被称为蓄能式水电站，它可将电网负荷低时的多余电能转化为电网高峰时的高价值电能，还适于调频、调相，稳定电力系统的周波和电压，且宜为事故备用，还可提高电力系统中的火电站和核电站的效率。

抽水蓄能电站是电力系统中最可靠、最经济、寿命周期长、容量大、技术最成熟的储能装置，是新能源发展的重要组成部分。通过配套建设抽水蓄能电站，可降低核电机组运行维护费用、延长机组寿命，有效减少风电场、光电场并网运行对电网的冲击，提高风电场、光电场和电网运行的协调性及电网运行的安全性和稳定性。

抽水蓄能电站具有的基本功能为电网调峰、填谷、调频、调相、储能、紧急事故备用、对风光电源提质增效、服务核电。根据抽水蓄能电站所在区域特点，抽水蓄能电站还需要具备防洪、供水、通航、灌溉、防凌及减淤、渔业、旅游和环境保护等功能。可行性研究阶段应协调落实各主管部门要求，分析工程在各方面可能达到的目标，提出工程开发任务及主次顺序。

结合抽水蓄能电站所在区域及可能供电范围的社会经济情况、历史用电增长规律及负荷特性变化规律,根据国家长远规划及地区经济发展规划,分析地区用电发展趋势,预测负荷水平及负荷特性,概述可能供电范围的电源、电网现状及存在的问题,并根据能源资源构成特点、开发程序和开发条件、电力供需特点、电源发展规划,分析边际需求特性。

结合抽水蓄能电站规模和供电特性,应分析其在各可能供电范围中可以发挥的作用,对需远距离、跨区域供电的工程,要结合输电规划,分析、论述跨区域送电的必要性和合理性,必要时需研究远期供电范围。当供电范围跨区域时,需协调各区域主管部门,明确项目主要主管部门,明确各专题、项目申请报告审核审批方式。

电力市场空间分析部分应根据设计水平年的负荷预测成果和规划电源情况,进行电力电量平衡和调峰容量平衡计算,以分析设计水平年的电力市场空间和调峰容量盈亏,并通过电源结构优化研究,分析论证抽水蓄能电站合理规模及布局。

以"碳达峰、碳中和"目标为原则,全面推动电力系统从高碳向低碳,从以化石能源为主向以非化石能源为主转变。在开展电网电力平衡分析时,要考虑区域内常规水电、煤电、气电、核电、抽水蓄能电站、区外水电、"三北"送电按已建、在建及核准项目参与平衡,风能和太阳能发电等可再生能源按规划规模参与平衡。

抽水蓄能电站的合理规模与负荷特性、电源结构及运行特性等因素密切相关,工程任务和建设必要性部分应对影响区域电网抽水蓄能电站合理规模的主要因素进行分析,包括负荷特性敏感性分析、电源敏感性分析和"三北"送电参与调峰敏感性分析。

另外,在建设必要性分析中应论证供电范围内的地区电力工业现状、电力需求及电力市场空间,说明其他综合利用对本工程的需求,以及说明征地移民、环境保护等方面对工程建设的影响,同时概述本工程的建设条件和经济指标,论证并提出其技术经济合理性,明确本工程的建设对地区经济社会发展的促进作用。

工程任务和建设必要性的主要内容为概述、地区社会经济和能源资源概况、电力系统现状和电力发展规划、开发任务、供电范围和设计水平年、电力市场分析和工程建设必要性等。主要图表有河流(河段)梯级开发示意图、供电范围电力系统地理接线图(现状及远景)、河流(河段)综合利用示意图,河流规划成果表。

2. 水文、泥沙

水文、泥沙部分的内容是在预可行性研究报告编制后新增的与水文、泥沙相关的试验、实测与分析复核内容,需提出具体的分析成果和设计方案。

水文是基于抽水蓄能电站上下水库水文、雨量站多年连续观测资料预测出来的。对于上下水库流域内无实测水文、雨量站的,应结合相近流域水文、雨量站多年实测资料,根据面积与雨量修正推测得出水文情况。

水量平衡法计算公式： $W_{入库} = W_{库蓄} + W_{弃水} + W_{蒸发} + W_{渗漏}$ (3-1)

式中： $W_{入库}$ 为推算的抽水蓄能电站径流量； $W_{库蓄}$ 为抽水蓄能电站月初和月末上下水库总蓄水量变化； $W_{弃水}$ 为抽水蓄能电站月弃水量； $W_{蒸发}$ 为水库蒸发水量，蒸发采用岩下站同期月蒸发； $W_{渗漏}$ 为水库渗漏的水量。

坝址径流量的计算公式：

当 $P_设$ 和 $P_参$ 均大于或等于 30mm 时：

$$Q_设 = \frac{F_设}{F_参} \cdot \frac{P_设}{P_参} \cdot Q_参$$ (3-2)

当 $P_设$ 和 $P_参$ 其中任意一个小于 30mm 时：

$$Q_设 = \frac{F_设}{F_参} \cdot Q_参$$ (3-3)

式中： $Q_设$ 为设计流域月平均流量 （m³/s）； $Q_参$ 为参证流域月平均流量 （m³/s）； $F_设$ 为设计流域集水面积 （km²）； $F_参$ 为参证流域集水面积 （km²）； $P_设$ 为设计流域月降水量 （mm）； $P_参$ 为参证流域月降水量 （mm）。

径流系列及其代表性论证需开展以下工作：进行年、月径流的还原计算和插补延长，说明径流的时空分布特性、实测站枯水流量及持续时间、历史枯水调查情况，分析枯水径流特性，分析论证径流系列代表性和复核径流系列及代表性分析成果。

水库蒸发增损计算公式：

$$\Delta E = E_水 - E_陆$$ (3-4)

式中： ΔE 为多年平均水库蒸发增损量； $E_水$ 为多年平均水面蒸发量； $E_陆$ 为多年平均陆面蒸发量。

对于抽水蓄能电站来说，当水源不足需要补水时，应进行补水水源分析；当抽水蓄能电站还具有灌溉及供水功能时，应说明灌区、受水区的地表和地下水储量、可开采量、水质及分布情况。

抽水蓄能电站与江河上的水电站不同，大部分流域的洪水由暴雨形成，一般发生在 4—9 月。4—6 月北方冷空气南下及太平洋副热带高压加强，冷暖空气交汇，可引起大暴雨；7—9 月台风活动频繁，常出现大强度降雨。由于流域面积小，源短坡陡，洪水特点为暴涨暴落，一次洪水过程为一天左右。

设计暴雨一般考虑 1h、6h、24h 暴雨均值，采用两种方法进行计算：一种是按实测降雨量资料计算；另一种是通过查《××省短历时暴雨》图集计算。在两种方法计算的结果中进行比较，确定设计采用的设计暴雨。集水面积均小于 10km² 时，设计暴雨可不考虑点面折算。

用暴雨资料推算设计洪水时，需补充说明增加资料后，涉及暴雨的产汇流参数，设计洪水成果。设计洪水成果主要包括库区或坝区有关支流（沟）入库洪水、可能最大洪水和分期设计洪水。

抽水蓄能电站上下水库流域大部分地处山地，土壤覆盖较深，山上多为林木及茶地，植被良好，水土流失轻微。泥沙主要来自台地冲蚀和岸坡的侵蚀、风化层冲刷及人类经济活动等。一般，泥沙含量来源于流域内实测泥沙资料，若没有实测资料，应要求设计单位水文专业和测量专业人员在流域内取沙样并检测含沙量，收集相近流域实测含沙量，对其进行类比分析。其中，推移质泥沙需采用推悬比估算，应结合相近流域的推悬比和流域实际情况进行取值估算。

水位流量关系和断面水位流量关系可根据曼宁公式推算：

$$Q = \frac{1}{n}AR^{2/3}J^{1/2} \tag{3-5}$$

式中：Q 为流量（m³/s）；n 为河床糙率；A 为断面面积（m²）；R 为水力半径（m）；J 为水面比降（‰）。河床糙率依据历史洪水调查及实测水位、流量成果并结合河道特性确定。水面比降根据实测水面线、深泓线及洪痕水位确定。

抽水蓄能电站上下水库集水面积小，汇流时间短，洪水涨落速度快。根据流域内遥测站测验的雨情、水情信息，水情预报难以有足够的预见期，建议采用水情自动测报系统，及时了解并掌握工程上下水库的雨情、水情信息，为运行调度提供必要的雨情、水情基本资料。同时为工程建成后复核验证工程设计中的水文设计参数提供基础水文资料。

水文、泥沙部分的主要内容有流域概况、气象、水文基本资料、径流、洪水、泥沙、水位流量关系和水情自动测报系统。其中，径流部分的内容应包括径流特性、上水库径流系列、下水库径流系列、径流计算及合理性分析和水库蒸发增损等；洪水部分的内容应包括洪水特性及成因、设计暴雨、设计洪水计算、成果合理性分析和设计洪水过程线。主要图表有流域水系图，径流、暴雨洪水、暴雨量、泥沙插补延长的主要相关关系图，年径流、枯水期径流暴雨频率曲线图，洪峰、洪量关系图，洪峰和各时段洪量（暴雨量）频率曲线图，典型洪水及设计洪水过程线图，主要设计断面的水位-流量关系图，悬移质、推移质颗粒级配曲线图等；年、月径流（雨量）系列表，洪峰、洪量（暴雨量）系列表，典型洪水和设计洪水工程线表，年、月输沙量系列表等。

3. 工程地质

工程地质部分的开篇应简述工程情况、勘查过程及预可行性研究阶段勘查的主要工程地质问题及结论，简述与工程地质有关的预可行性研究报告审查意见；说明本阶段工作的技术路线、工作内容和工作量；在预可行性研究成果的基础上进一步就区域地质与构造稳定性、水库区工程地质条件、坝址工程地质条件及坝址选择、选定方案的建筑物工程地质条件、天然建筑材料、地质灾害危险性评估和结论等方面进行深入研究。

区域地质与构造稳定性需对工程区所在地理位置、地形地貌、地层岩性、地质构造（主要包括大地构造单元划分、区域主要断裂活动特性、区域地震构造、近场区主要断裂活动特性、近场区地震构造、场址区主要断裂活动特性、场址区地震构造、新构造运动、现代构造应力场）、地震活动性与地震危险性分析（主要包括工程区域与地震带的位置、历史地震、研究区地震活动的时空特征、近场区地震活动特征、历史地震对工程场地的影响和地震危险性分析）、地震地质灾害评价及水库诱发地震预测（包括地震地质灾害评价和水库诱发地震预测）和区域构造稳定性进行研究和综合评价。

地壳应力场变化是构造活动和浅源地震发生的主要原因。用地震波资料求得的应力场在很大程度上能够代表地壳应力场。当地震资料较多时，一般优先采用大地震震源机制解确定区域应力场，在没有大地震的地区，可以用多个小地震震源机制解确定平均结果或小地震综合解。虽然小地震震源机制解受局部断层分布的影响较大，但当地震资料很多时，其平均结果能较好地提供区域应力场分布。

在分析地震对工程场地的影响时，为了衡量各地震对工程场地影响烈度的影响，建议对工程场地影响烈度为Ⅴ级及以上的地震进行统计，根据收集到的历史地震等震线资料和有关文献，绘制历史地震综合等震线图。

其中，地震危险性分析主要根据历史地震重演原则和地质构造类比原则，通过对区域及邻近区域中等及其以上级别的地震构造背景、地震构造标志和地震活动特征开展各方面研究，并在五代区划图潜在震源区划分方案的基础上，重点对区域范围内潜在震源区进行研究、分析，明确潜在震源区划分情况。构造区内的非潜在震源区可作为背景潜源考虑。

地震地质灾害是指在地震作用下，因地质体变形或破坏而引起的灾害。地震地质灾害类型主要有砂土液化、软土震陷、崩塌、滑坡、地裂缝、泥石流和地表断层等。

水库诱发地震是多种因素综合作用的结果，与库区的地质环境、断层规模及活动性、区域地震活动性、地应力条件、岩体的导水性、水库库容及水深等因素密切相关。

工程区基本地质条件主要包括地形地貌、地层岩性、地质构造、物理地质现象、水文地质条件、岩（土）体物理力学性质和岩体工程地质分类等。上下水库库区所在区域的地形地貌是确定上下水库成库条件的主要因素，山体是否满足防渗防漏要求、输水系统地形地貌是否完整是满足洞室沿线布置条件的主要因素。水库及输水系统防渗条件不好的工程要提出防渗处理建议和地下水动态监测意见，同时应说明库区（特别是近坝区、靠近城镇及重要经济对象和居民点地段）坍塌体和潜在不稳定岩土体的分布范围、体积、地质结构、水文地质条件和变形特征，论述在施工期和水库运行期失稳的可能性，预测失稳方式、规模及其对工程或环境的影响，提出处理措施和监测意见。

大气降水是地下水的主要补给来源。地下水按其赋存介质不同可分为孔隙水与浅部风化裂隙水和深部基岩裂隙水。在工程地质阶段应开展钻孔压水试验，研究不同岩层岩体透水性。在水文地质部分要预测可能浸没地段的范围、浸没程度及造成的影响，提出需要采取处理措施的意见。在工程施工及运行期，应对环境水进行跟踪监测，以便了解环境水水质的动态变化及其对构造物的腐蚀程度。

工程区物理地质现象主要表现为岩体风化、卸荷、坍塌、滑坡、泥石流等，其中应说明水库区有无大量固体径流的来源和范围，分析并预测可能产生固体径流的规模、频度及其影响，提出防范措施。

为了解工程区岩石（土）的物理力学性质，前期及本阶段都应对不同岩性、不同风化程度的岩石取样进行室内物理力学性质试验，对不同部位覆盖层及全风化土层开展物理力学试验和现场原位试验。在本阶段还应进一步开展深化研究，如地震波测试、钻孔声波测试、平洞弹性试验、岩体变形试验、岩体单位弹性抗力系数、岩体抗剪试验等。

岩体工程地质分类主要包括坝基岩体工程地质分类、地下洞室围岩分类和开挖边坡坡比。

根据工程坝址区岩石物理力学试验成果，结合坝基岩体工程地质分类，并经工程经验对比，提出岩体和结构面物理力学参数。根据围岩的工程地质特征，结合GB 50287—2016《水力发电工程地质勘察规范》，对输水系统围岩类别进行划分。结合前期勘察成果和本阶段岩石室内物理力学性质试验成果，参考相关规程规范，综合确定围岩物理力学性质指标值。

根据工程区工程地质条件，按物质组成分类，工程开挖边坡主要有土质边坡和岩质边坡两大类。土质边坡主要有残坡积碎石土和全风化土两类。岩质边坡按岩体风化、破碎程度、卸荷等可划分为两类：一类为Ⅱ～Ⅲ类岩体，主要为弱—微风化岩体，岩体完整性较好；另一类为Ⅳ类岩体，主要为强风化岩体或强卸荷、破碎—较破碎岩体。土质边坡坡高大于10m应分级开挖，放缓开挖坡比，设置宽度大于2m的马道。岩质边坡每15~20m设置一级马道，并根据坡高、边坡类型及稳定程度等因素采取相应的支护处理措施。

对地面建筑物应重点评价地基和边坡的稳定性，对地下建筑物应重点评价进口或出口洞脸边坡和围岩的稳定性，对大跨度的地下洞室应根据主要结构面的发育特征、地应力大小和方向、地下涌水、放射性、有害气体及地热异常等，提出厂房位置和轴线选择的意见，进行围岩分类，提出岩土体物理力学性质参数和地基处理措施建议。

上下水库及坝址区工程地质条件与评价、输水发电系统工程地质条件与评价等是在预可行性研究成果基础上，结合本阶段开展的钻探、长探洞勘测结果进行更深入的分析和研究，需说明并比较上下水库区及坝址、地下系统的基本地质条件，评价各部位结构稳定性和需采用的防护措施等，明确区域内岩体结构和地下水分布情况及其影响，提出处理措施。

其中，坝址区工程地质条件与评价应包括坝址（线）比选、坝型比选、坝型选择、推荐方案基本地质条件、建基面选择及坝基岩体质量、坝基变形及抗滑稳定、坝肩边坡稳定性和坝基渗漏及绕坝渗漏等内容。

在地下系统的基本地质条件中，还应对相对隔水层、地应力分布情况和岩体透水性、环境水腐蚀性、岩爆特性等进行研究说明。

为评价地下厂房、隧洞等地下工程岩体核辐射对工作人员身体健康的影响，应委托专业机构对勘探平洞及其支洞辐射环境质量进行监测和评价。关于勘探平洞，其洞线可结合进厂交通洞、通风兼安全洞等影响主线工期的洞室进行布置，这样便具有一洞多用、永临结合、缩短工期等优点。

抽水蓄能电站高压隧洞的衬砌形式主要有钢筋混凝土衬砌和钢板衬砌两种。根据已有工程的成功经验，若不衬砌或没有采用经济性好、施工方便的钢筋混凝土衬砌，并使隧洞周围的围岩成为一个安全承载结构，则隧洞周围必须有足够的岩层覆盖厚度和足够的地应力量值，使隧洞围岩有安全承受隧洞内水压力的能力，在此基础上，围岩还不能产生过大的渗漏，也不能发生渗透破坏。经归纳总结，常用的不衬砌或钢筋混凝土衬砌隧洞围岩承载设计准则为：挪威准则、最小主应力准则和围岩渗透准则。

主要附属构筑物工程地质条件及评价主要包括地面开关站及出线洞、进厂交通洞、通风兼安全洞、尾调通气洞及上下水库附属建筑物等内容。

对于天然建筑材料，重点是查明筑坝材料和人工骨料的分布，并对储量和质量进行评价，在评价过程中还要考虑开采运输条件等。抽水蓄能项目主要以土石坝为主，土石挖填平衡是项目建设管理追求的目标。

地质灾害危险性评估报告应根据水库区、枢纽区和移民集中安置区地质灾害调查成果编制。该报告应作为相关主管部门权衡该项目建设可行性的重要依据。

在工程地质部分的结论部分应综述主要工程地质条件和主要工程地质问题及评价，并提出下个阶段地质勘查工作的建议。

工程地质部分的主要附图有区域地质图或区域构造纲要图、水库区工程地质图、枢纽区工程地质图（附地层柱状图）、主要建筑物工程地质纵、横剖面图、大坝及地下厂房等建筑物的工程地质平切图、坝（闸）址基岩地质图（包括基岩等高线图、坝址或闸址渗透剖面图、喀斯特区水文地质图、专门性问题工程地质图、天然建筑材料产地分布图、各料场综合地质图、典型钻孔柱状图及坑、槽、洞、井展示图）。在编制工程地质部分前，还应获得以下成果：地震安全性评价、地质灾害危险性评估等报告的批复文件，有关工程地质勘探试验专题报告、主要工程地质问题专题报告。

4．工程规模

可行性研究阶段的研究任务是明确服务范围、规划开发任务、确定合理规模、选择合理连续满发小时数和装机容量。在"需要"与"可能"之间，技术可行和经济合理之间，本着节约资源、系统高效、技术先进和适度超前的原则，进行详细的方案论证，并进行科学选择。

需要确定的技术参数包括开发方式、项目任务、上下水库特征水位、库容指标、利用小时数、装机容量、接入系统位置、运行服务范围等。

抽水蓄能电站主要服务电网侧和电源侧，承担系统调节任务或者为特定对象服务。

服务电网侧和电源侧承担的是电力系统调峰、调频、调相、黑启动、事故备用等任务，可以维护电力系统的安全，确保供电质量，本质是起到电力平衡的作用。当电力系统中的电源结构多样时，各自均具有调节能力。其中，水电和燃气机组调节性能最佳，煤电机组调节能力强，核电通常不承担调节任务，这些电源在实施调节任务时，响应速度不一样，效果也不同，更重要的是成本很高。抽水蓄能电站以其独特的性能在电力系统中具有双向调节作用，既可以在负荷高峰期供电，又可以在低谷期吸纳多余的电能，以保证电力系统平稳运行。而且，抽水蓄能电站在承担电力系统调节任务的过程中是最经济的。也就是说，高质量和低成本是抽水蓄能电站的特征。

为特定对象服务主要是与风能和太阳能发电进行多能互补。通过抽水蓄能电站的调节作用，将风能和太阳能发电这种断续性冲击式电能优化连续，变成系统可接受的电能。一般，无论是海上风电还是陆上风电，都是间歇性的，时有时无，强度也具有不确定性，存在季节差异。太阳能只有白天有阳光照射时才能产生，即早上太阳升起至晚上太阳落下的时间段，在太阳光照射的时段，其光强从零到最强然后又归为零，呈抛物线形分布。太阳能还会受到天气的强烈影响，阴雨天与晴天的强度差别巨大，而且季节不同也有差异。基于风能和太阳能发电这种不连续和强度波动大的特征，不可将其单独作为电源为电力系统供电。在抽水蓄能电站的互补作用下，根据系统负荷需求，当抽水蓄能的比例足够大时，从技术方面讲完全可以形成稳定安全的供电电源，这样可再生的风能和太阳能可得到充分利用，从全社会的角度衡量，以清洁能源为主的新型电力系统得以构建，低碳、清洁、高效、安全的能源战略可以实施。

工程规划专业在进行设计研究工作时，要充分分析抽水蓄能电站为电网侧服务和为电源侧服务两个方面的作用，对多个方案进行比较论证，科学合理地确定各项指标，从而形成既有前瞻性又有现实性的成果，为工程建设奠定基础。

工程规模部分在本阶段开展的工作较预可行性研究阶段更全面、更深入，主要包括水利动能计算、装机容量选择、水库特征水位选择、水轮机机型及组合台数选择、水轮机额定水头选择、输水系统洞径选择、泥沙淤积及水库回水、初期蓄水和水库与电站运行方式等内容。与预可行性研究阶段比较，其结构发生较大变化，其中，输水系统洞径选择是新增研究内容。

其中，水利动能计算主要包括能量指标、电力电量平衡和调洪计算 3 个方面的内容。

能量指标计算应根据抽水蓄能电站上下水库的库岸地形及水文、地质条件，结合抽水蓄能电站在电网中承担的调峰、填谷等任务，在满足抽水蓄能电站调节库容和水泵水轮机机组变幅要求条件下，通过上下水库蓄能量计算，确定上下水库的主要水能参数。其内容包括用水需求总量、过程及其用水保证率、库容曲线、下游水位径流量关系、水头损失、水量损失等。

水头损失从发电工况和抽水工况两个方面考虑。其中，发电工况的最大、最小水头损失分别对应全部机组额定满发工况和空载运行工况；抽水工况的最大、最小扬程增加值分别对应所有机组满抽和 1 台机组满抽工况。

抽水蓄能电站的调节库容及相应的特征水位与上下水库的地形地质条件、装机容量、蓄能量、水泵最高扬程和水轮机最小水头的比值、水源条件等有密切的对应关系。

电站调节库容需满足日连续满发小时数的要求，应根据对应区域电网负荷特性和电力电量平衡成果的分析，同时考虑电网对调频、调相及事故备用等辅助服务的需求，由此进行确定。此外，根据 NB/T 35071—2015《抽水蓄能电站水能规划设计规范》的有关要求，上下水库调节库容应留有一定裕度。因此需说明本水库及有关水库径流补偿调节方式、兴利与防洪库容的合理运用、汛后回蓄方案等。

水损备用库容的主要目的是蓄丰补枯，弥补抽水蓄能电站部分年份枯水期天然径流不能补足水库蒸发、渗漏损失、下泄环保流量等的水量，以保证抽水蓄能电站正常运行所需要的水量。抽水蓄能电站本身在正常运行中不会消耗水量，仅产生蒸发损失和水库、输水系统的渗漏损失，因而其水损备用库容相对较小。其计算比预可行性研究阶段考虑的因素更多，需考虑上下水库、输水管道等部位的渗漏，上下水库蒸发，上下水库生态流量，综合利用水量等水损情况。

为确保抽水蓄能电站水泵水轮机组高效稳定运行，水泵最高扬程和水轮机最小水头的比值应处于合适的范围内。根据 NB/T 10072—2018《抽水蓄能电站设计规范》，700m 左右的水轮机比转速下的水头变幅（水泵最高扬程和水轮机最小水头的比值）不大于 1.15，水头越高，要求电站水头变幅越小。

利用调节流量、水库水位、出力及水头等指标计算保证出力及多年平均年发电量和抽水量电量。

抽水蓄能电站的装机容量取决于系统需要及电站本身的建设条件。这部分内容在预可行性研究阶段初选装机规模基础上，通过分析电力系统需要、电站地形地质条件、水源条件、机组制造水平和经济性等因素，对抽水蓄能电站的装机规模作进一步复核比选论证，主要包括连续满发小时数选择、装机容量比选、单机容量比选。

日调节：将径流在一昼夜内重新分配，调节周期为24h。

周调节：将径流在一周内重新分配，调节周期为一周（7d）。

年调节：将径流在一年内重新分配，当汛期洪水到来发生弃水时，仅能存蓄洪水期部分多余水量的径流调节，称为不完全年调节（或季调节）；将年内来水完全按用水要求重新分配，又不需要弃水的径流调节，称为完全年调节。

多年调节：水库容积足够大的，可把多年的多余水量存在水库中，之后以丰补欠，分配在若干枯水年才用的年调节，称为多年调节。

除洪水季节外，江河一日内的来水量比较稳定，而电力系统的日负荷变化较大，日调节水电站的任务是利用水库或水池把一日内比较均匀的入库流量按照电力系统日负荷变化重新分配，主要承担峰荷（简称调峰）。周调节水电站则是将低负荷日（如星期六、星期日）剩余的水量存起来，供高负荷日使用。周调节水电站可同时进行日调节。日调节水电站一日内发出的电量，在一般负荷时不会超过当天来水量可能提供的电能，但在高峰负荷时可以担负比其日平均出力高几倍的电力负荷。抽水蓄能电站运用灵活，能快速适应负荷变化要求，电力系统也需要其具有日、周调节能力，以充分发挥水电站的优越性，使电力系统经常处于优质、经济、安全的运行状态。在装机容量一定的前提下，将日调节性能调整到周调节性能时，若保持装机规模不变，则需更多调节库容，工程投资相应增加较多；或减少装机规模，使连续满发时间增加，但电站单位千瓦静态投资会大幅度增加，这种方式的经济性较差。

现阶段，日调节抽水蓄能电站连续满发小时数受电网需求和工程建设条件影响，一般多为5h、6h和7h。随着电站连续满发小时数的增加，上下水库正常蓄水位也随之增加，大坝坝高、工程量、移民安置补偿及进、出水口的布置也随之发生变化。但如果装机规模不变，输水系统和厂房布置基本相同，对环境保护和水土保持方面影响很小，那么连续满发小时数各方案的建设条件差异主要体现在地形地质条件、枢纽工程量和移民安置补偿方面。另外，对应不同的日连续满发小时数，其水能参数、工程量、各洞室尺寸、用地等会发生相应变化，进而可通过水利动能计算结果、经济性分析结果等进行矫正比选最优方案。按日最大抽水利用小时数折算的最大发电小时数，随着抽水蓄能电站工作容量的增加而减少；按日最小抽水利用小时数折算的发电小时数，随着抽水蓄能电站工作容量的增加而增加，日最小发电小时数也随着抽水蓄能电站工作容量的增加而增加。例如，从抽水蓄能电站工作容量的利用时间，综合日最大抽水利用小时数、日最小抽水利用小时数、日最小发电利用小时数3种运行方式进行分析，国网浙江省电力有限公司2030年抽水蓄能电站的日发电利用小时数以5~7h为宜。

抽水蓄能电站启停灵活、反应迅速，是电力系统理想的负荷备用和紧急事故备用电源，配合核电、火电等电源运行和外送，可提高送电的经济可靠性，随着电网内风电、核电等清洁能源及区外来电比例的提高，电网对电力系统事故备用和旋转备用等辅助服务的需求将不断提高。

抽水蓄能电站水库正常蓄水位和死水位比选方案以同等满足电网电力电量需求为主，方案选择主要取决于枢纽建筑物的规模，结合进、出水口开挖和坝体填筑量的平衡，以工程建设费用最少为设计目标。调节库容由发电调节库容（含裕度库容）和水损备用库容组成，上下水库发电调节库容需满足总装机连续满发小时数的基本要求，而水损备用库容主要用来弥补抽水蓄能电站正常运行产生的蒸发、渗漏损失水量，保证电站的正常运行。特征水位的选择主要考虑上下水库地形地质条件，枢纽布置，水库淹没影响，泥沙淤积对进、出水口布置影响，调节库容的需求，以及水泵水轮机安全、稳定运行等因素。

工程投资编制原则：以预可行性研究报告（审定本）为基础，统一采用项目所在地当季价格水平，在同一口径、同一深度和同一价格水平的基础上，根据正常蓄水位最新设计成果编制各方案工程投资，充分、客观地反映各正常蓄水位方案的工程量、水库淹没处理等方面的投资差异，分析各方案投资差异的合理性。基础单价包括人工预算单价，主要材料预算价格，施工用电、水、风预算价格，施工机械台时费，砂石料预算价格，混凝土材料单价。工程单价及取费标准包括建筑、安装工程单价及取费标准。施工辅助工程估算包括施工交通工程、施工供电工程、导流工程、施工及建设管理房屋建筑工程及其他施工辅助工程的估算。建筑工程估算包括主体建筑工程、交通工程、房屋建筑工程及其他建筑工程的估算。环境保护和水土保持工程估算按专项投资额计列。机电、金属结构设备及安装工程包括设备费和安装工程费。建设征地和移民安置补偿估算均按本阶段专项设计投资额分析计算。独立费用根据"编制规定和标准"规定的内容标准和本阶段设计资料，参考预可行性研究阶段审定投资估算分析计算。其中，取费基数部分按本阶段各方案计算成果计取，取费费率则按"编制规定和标准"的规定计取。基本预备费中的枢纽工程部分按10%计算，建设征地和移民安置部分按20%计算。建设期资本金根据《国务院关于调整和完善固定资产投资项目资本金制度的通知》（国发〔2015〕51号）的有关规定，电力项目资本金按总投资的20%计，且按当年总投资的20%同等比例投入，建设期利息依据《中国人民银行公告》（〔2019〕第15号）文件，按中国人民银行公布的2020年9月的五年期LPR利率4.65%执行。第一台机组投产前发生的债务资金利息全部计入总投资，第一台机组投产后发生的利息根据机组投产时间按其发电容量占总容量的比例进行分割后计入总投资，其余部分计入生产经营成本。

不同的装机规模应从以上几个方面对其技术经济性进行比较。

水轮机机型可根据抽水蓄能电站调节功能和毛水头、扬程范围进行类比选取。机组台数选择与抽水蓄能电站地形地质条件、枢纽布置条件、机电设备制造水平、大件运输条件、机组造价等技术经济因素密切相关。选择机组单机容量时应在兼顾机组设计和制造难度水平的基础上尽量运用单机容量大、台数少的方案，以利于降低工程投资，但同时应考虑枢纽引水系统的布置和机电设备大件运输等影响工程总体投资和经济效益的因素。目前，国内外相近水头段抽水蓄能电站已有多台机组投入运行，单机容量为200~470MW。由此可见，在选定的电站装机容量基础上，根据机组设计制造的可行性和运行调度的灵活性要求，从机组参数水平、水泵水轮机制造难度系数、发电电动机综合制造难度、主要电气设备选择配置和电气主接线方面、设备运输、引水管道布置方案设计的复杂性方面、经济性分析和发电工期方面进行综合比选。

可行性研究阶段选择额定水头的主要影响因素是机组稳定运行条件、电站受阻程度和工程费用的差异。从运行条件分析，额定水头高的方案中，机组运行效率整体较高，运行稳定性好；额定水头低的方案中，容量受阻较小，对电网的稳定运行较有利。对于工作水头较高的抽水蓄能电站，额定水头选择范围较大，且额定水头变化对工程投资的影响较小。根据已建抽水蓄能电站的实际运行情况，结合电力系统模拟计算分析，额定水头方案应在满足电站满发3.5h左右不受阻条件下拟定。

机组额定水头越高，转轮直径越小，压力钢管、进水阀和尾水洞尺寸也越小，可以节省一定的金属材料，减少土建工程量。从电站运行条件看，根据电力系统负荷曲线，机组实际受阻容量因额定水头的不同而存在一定差别，额定水头抬高，机组实际运行受阻容量增加，从而削弱电站的调峰能力。如果电站总装机容量和单机容量大，发电运行时间和备用运行时间长，那么由额定水头不同而造成的少量的容量受阻一般可通过水库调度和机组本身的调节来平衡，不同额定水头方案的区别不会太大。

在相同的机组额定转速下，与相对较高的额定水头相比，较低的额定水头会加大机组的过流量，可能导致部分负荷和低水头稳定性变差，且在较低水头下通常要加大水轮机转轮直径，但较大的转轮直径在较高的扬程下增加了流道损失，容易产生回流和运行不稳定的问题。

从水泵水轮机全特性曲线看，由于水泵水轮机的水轮机工况至反水泵工况运行范围存在一个S形不稳定区域，特别是高水头低比转速的水泵水轮机，其S形更明显，可能会导致水轮机工况启动空载不稳定，甚至无法并网运行（目前，部分抽水蓄能电站使用单导叶接力器或非同步导叶接力器解决或预防低水头水轮机工况启动空载稳定性问题），因此，在转轮水力设计过程中应尽量避免该情况发生。选择相对较高的额定水头可减少转轮直径、降低水轮机单位转速，使水轮机运行区域向偏离S形不稳定区域的方向发展，从而提高机组的运行稳定性。

水泵水轮机需双向运行，设计时应兼顾水泵工况和水轮机工况。因为单转速水泵水轮机水泵工况无法通过控制导水叶开度大小调节机组的流量，且高效率区窄，所以在水力设计中一般先按水泵工况设计，然后校核水轮机工况。由此易造成水轮机工况总是偏离最优效率区运行，总是在最优效率区以下的水头范围运行，即一般情况下，水轮机设计点（最高效率点）单位转速总是小于实际工作水头范围内的单位转速。选择相对较高的额定水头，使水轮机工况的运行范围靠近最优效率区，可提高水轮机工况的效率，提高水力稳定性。

不同额定水头方案的投资差异主要体现在转轮、蜗壳等尺寸的变化方面。

为了使各比选方案具有可比性，可将燃煤机组作为替代电源，填补各额定水头比选方案的容量及电量差值。其中，各方案受阻容量的差值采用燃煤机组替补，电量差异已集中反映在抽水电量的不同上，考虑以耗煤成本计入总费用现值。

抽水蓄能电站有发电和抽水两种工况，在抽水发电过程中都会产生水头损失，选择合理的输水洞直径，有利于充分发挥电站容量和电量效益，同时可有效控制工程投资，使其获得较好的经济效益。各方案的经济比较采用总费用现值法进行。按照各引水隧洞方案和各尾水隧洞方案同等程度满足电力系统的容量和电量需求，通过电力生产模拟，计算各方案产生的燃料消耗，同时根据各方案投资和年运行费计算相应的总费用现值。从工程量和工程投资考虑，洞径越小，工程量越少，工程投资也随之减少；但从发电效益考虑，减小引水隧洞和压力钢管直径，将增大流速、水头损失和电能损失。由此可见，需对引水隧洞和尾水隧洞的直径进行技术经济比选。

按电站水头损失最小的原则确定相应的开机顺序，各方案的发电和抽水工况的水头损失按以下公式计算：

$$\Delta h = m_1 Q^2 + m_2 q^2 \tag{3-6}$$

式中：m_1、m_2 为系数；Q 为主洞流量（m³/s）；q 为支洞单机流量（m³/s）。

输水洞主要从洞室稳定性、输水系统的结构布置、施工技术、过渡过程的稳定性及经济性方面进行选择。对于输水系统较长的电站，引水隧洞洞径越大，压力引水道中的水流惯性时间常数越小，电站的调节品质越好；尾水隧洞洞径越大，压力尾水道中的水流惯性时间常数越小，电站的调节品质越好。从水力过渡过程稳定影响方面综合考虑，引水隧洞和尾水隧洞均以洞径较大的方案为优。

根据抽水蓄能电站运行特点分析，部分悬移质泥沙会通过机组在上下水库之间交换。结合工程的实际情况，分析上水库的泥沙淤积时，应考虑下水库泥沙经机组进入上水库的沙量。因此，上水库泥沙淤积总量为自身淤积量和通过下水库抽水淤积在上水库的沙量之和。

根据流域洪水特性和电站运行方式分析，过机含沙量较大工况应该是洪峰与抽水时段末遭遇时，下库即将腾空，断面流速加大，水流挟沙能力较强，从安全角度出发，在该组合条件下，按照该计算时段入库悬移质泥沙全部参与抽水运行，估算电站平均过机含沙量。

对于河流越急、集水面积越小、河道坡降越大、流量越小的河道，回水影响越小，若库尾上游无重要淹没影响对象，无须进行回水水面线计算，直接采用坝前洪水位成果即可。

考虑首台机组投入运行后，上下水库的水量可通过机组连通，各台机组投产的蓄水保证率的分析采用上下水库统一分析的方式。由于抽水蓄能电站的水量是在上下水库中循环使用的，因此各时段水库水位随电站在该时段发电量的大小而变化，但上下水库水位维持一个固定的关系。

综上所述，对于没有航运、防洪、灌溉等功能需求的抽水蓄能电站，工程规模部分的内容包括水利动能计算、装机容量选择、水库特征水位选择、水轮机机型及机组台数选择、水轮机额定水头选择、输水洞洞径选择、泥沙淤积及水库回水、初期蓄水和水库与电站运行方式等。主要图表有水库库容面积曲线图、厂房尾水水位径流量关系曲线图、出力保证率曲线图和电量累积曲线图、水头保证率曲线图、电力系统典型日（周）运行方式示意图、泥沙淤积计算表、水库回水计算图及其他，各项工程规模技术经济比较表、电力系统电力电量平衡表和水库回水计算成果表等。

5. 工程布置及建筑物

工程布置及建筑物部分主要依据 GB 50201—2014《防洪标准》、DL 5180—2003《水电枢纽工程等级划分及设计安全标准》等确定工程等级、不同建筑物等级、洪水设计标准；根据 DL/T 5353—2006《水电水利工程边坡设计规范》确定枢纽边坡、影响不同等级水工建筑物安全的边坡等级、水库区边坡属性，滑坡产生危害性涌浪或滑坡灾害可能危及不同等级建筑物安全的边坡等级；根据 GB 50199—2013《水利水电工程结构可靠性设计统一标准》确定工程合理使用年限，1~3 级主要建筑物结构的设计使用年限为 100 年，其他永久性建筑物结构的设计使用年限为 50 年；根据 GB 50287—2016《水力发电工程地质勘察规范》确定区域构造稳定性分级标准；根据 NB 35047—2015《水电工程水工建筑物抗震设计规范》确定工程壅水、泄洪建筑物抗震设防类别、设计烈度和不同部位设计地震加速度。

这部分内容的设计还有一个重要依据，即预可行性研究报告主要结论及审查意见、可行性研究阶段枢纽布置格局专题报告咨询审查意见及其他相关专题报告的主要结论和咨询审查意见。

基于施工区气象水文泥沙及坝址水位流量基本资料、水库特征水位和动能指标、水力机械主要参数、上下水库地质条件和力学参数、材料参数及主要建筑物设计安全标准等对上下水库主要建筑进行合理布置是这部分内容的主要任务，具体根据 NB/T 11013—2022《水电工程可行性研究报告编制规程》，从枢纽布置、运行条件、施工条件、环境保护和水土保持影响、工程投资等方面进行上下水库库址与坝址选择，上下水库坝线比选，上下水库坝型比选，上下水库泄洪建筑物比选，上下水库导流建筑物比选，输水系统洞线比选，地下厂房布置方案比选，输水系统洞机组合比选，引水系统立面布置比选，上水库进、出水口形式比选，下水库进、出水口位置和形式比选和地面开关站位置比选、厂房位置及轴线比选。

其中，流域面积较小的纯抽水蓄能电站上水库具有洪水汇流时间短、洪量小的特点，可在环库公路边线以外设置排泄系统，以排出环库公路以上汇集的洪水；对在库面内降雨形成的洪量，可通过坝顶和库岸超高部分解决。当水库集水面积较大，暴雨形成的洪峰流量需要泄洪时，上下水库都应布置具有及时排泄天然洪水能力的泄洪建筑物，有的工程还考虑了放空设施。

抽水蓄能电站下水库泄洪建筑物的设置应考虑的特殊问题有：由于抽水蓄能电站发电流量排放至下水库，因此进行下水库洪水调节计算时必须考虑发电流量和天然洪水的叠加影响；抽水蓄能电站在正常运行时，水量在上下水库间循环流动。死水位之上，两个水库的有效存水量之和等于任一水库的调节库容，即其中一个水库为死水位时，另一个水库刚好达到正常蓄水位，必须使水库具有必要的泄洪能力，宣泄多余的天然径流，由此需要设置泄洪设施平衡水库水量。抽水蓄能电站下水库泄洪时一般按照以下原则：若上下水库总蓄水量超过设计值时，则开启泄洪设施，泄放多余水量，以确保下游地区防洪安全，大坝下泄流量一般不能超过坝址天然洪峰流量；设置泄洪洞等深孔，以便下水库及时宣泄多余水量，满足发电工况最小工作水头。这对于大多数抽水蓄能电站来说都是重要的工程措施。泄洪隧洞还可根据水文预报提前泄放洪水，增加发电量。NB/T 10072—2018《抽水蓄能电站设计规范》提到：对于下水库建于原河道的情况，下水库设计时均要考虑发电流量与洪水的叠加问题，以免电站运行时出现"人造洪水"，从而对下游造成不利影响；提出的要求：下泄流量不得超过天然洪水流量，即不发生"人造洪水"；尽量减少对电站发电的不利影响。在布置泄洪建筑物时，通常采取底孔与表孔结合的布置方式。表孔通常采用的是表孔溢流坝或溢洪道，具有较强的超泄能力，可满足水位较高时的泄洪需求；底孔通常采用的是泄洪底孔（重力坝）或泄洪（放空）洞，具有较好的控泄能力，可根据天然来水情况，灵活、及时地泄放入库洪水。通过选择上述合适规模的泄洪建筑物组合，可以保证电站正常发电的调节库容，避免发电水量与天然洪水叠加形成"人造洪水"，同时有利于降低坝高，节省工程投资，提高电站运行的灵活性和安全性。与国内同类抽水蓄能电站工程的上下水库泄水建筑物布置情况比较，少部分抽水蓄能电站采用的是表孔设置闸门单独调洪的方式，大部分抽水蓄能电站采用的是表孔和底孔联合泄洪的方式。

坝身溢洪道和岸坡竖井溢洪道方案可进行比较。从地形地质条件方面分析，坝身溢洪道布置受地形地质影响较小，仅需要将挑流鼻坎基础置于弱风化基岩上即可；岸坡竖井溢洪道竖井及隧洞段均布置在地下，受地形地质条件影响较大。从溢洪道布置和水力条件方面分析，两种溢洪道均采用首部自由溢流加尾部挑流的形式，虽然进出口高差基本相同，但由于岸坡竖井溢洪道设置了竖井段消力井，起到了一定的消能作用，出口流速较小，因此消能效果更优。从大坝结构方面分析，坝身溢洪道布置在下水库堆石坝上，坝身溢洪道泄槽底板通过锚筋和钢筋混凝土锚固板与坝体堆石连成一体，结构相对复杂；岸坡竖井溢洪道布置在大坝一侧，结构相对简单。从环境保护、水土保持方面分析，坝身溢洪道与岸坡竖井溢洪道方案存在较大差别：坝身溢洪道设置后，下游河床不能设置弃渣场堆放弃渣，需要另外寻找弃渣场，对环境影响较大；岸坡竖井溢洪道可以在坝后设置较大容量的弃渣场，并将溢洪道出口设置在弃渣场的下游侧，对环境影响小，同时弃渣作为坝脚的压覆荷载可以提高大坝的抗滑稳定性。经过对两个方案的对比，岸坡竖井溢洪道更优。从施工组织设计方面分析，两个方案的施工条件基本相同，均没有制约因素：坝身溢洪道需要在堆石坝填筑完成并在预留沉降期后再进行溢洪道混凝土施工，工期更长，同时堆石坝下游坡面上的施工混凝土结构的施工环境严格，质量要求高；岸坡竖井溢洪道可以结合岸边导流洞改建，工期不受制约。但大坝填筑不在关键线路上，两个方案的施工总工期相同。从投资方面分析，坝身溢洪道与岸坡竖井溢洪道在大坝、溢洪道、导流工程及库外渣场征地等方面存在投资差异。

常规抽水蓄能电站输水系统主要建筑物多由上水库进、出水口、引水上平洞、上斜井、中平洞、下斜井、下平洞、引水钢岔管、引水钢支管、尾水支管、尾水岔管、尾水隧洞、尾水调压室、下水库进、出水口等组成。有的引水系统采用一坡到底的布置方式，而有的采用竖井方式。进、出水口较常见的有岸塔式进、出水口和闸门竖井式方案。进、出水口由前池段、拦污栅段、扩散段、平方段、事故检修闸门井组成。进、出水口洞线一般与岸坡所在段大角度相交为佳。

引水系统和尾水系统采用一洞四机、两洞四机还是其他方案，应该从地质条件、钢岔管钢材生产、钢岔管制造施工技术情况、施工条件、水力机械、运行管理等方面进行综合比选。从施工条件看，选择一洞四机方案时，输水系统建筑物如引水和尾水主洞、岔管等结构尺寸较大，开挖支护难度较两洞四机方案大，而且钢管尺寸较大，钢管制作和安装难度大，安装工期长；选择两洞四机方案时，需要增加一条输水系统，会投入更多的资源和设备。从水力机械方面看，一洞四机方案的特殊要求为：四台机组的尾水管、蜗壳、尾水闸门和球阀需集中供货；四台机组的蜗壳、尾水闸门、球阀安装时间需集中，必须在第一台机组发电前安装完毕；球阀操作系统一般布置在水轮机层，而四台机组段的水轮机层施工必须在第一台机组发电前全部完成，机组供货和安装强度大。从运行管理方面看，工程建成后，采用两洞四机方案时，电站运行相对灵活，一条隧洞或某一台机组球阀检修时，只需停两台机组，另外两台机组仍能正常运行，担负抽水蓄能电站在电网中应有的作用；采用一洞四机方案时，四台机组共用一条隧洞，复杂多变的工况引起的水力瞬变过程对水道系统结构及机组特性的要求更严格。对于水头高、单机容量大的抽水蓄能电站，一洞四机方案的四台机组运行工况复杂，机组运行风险大，而且当隧洞或某一台机组球阀检修时，须停四台机组，对整个电网的统一调度影响较大，故运行时没有两洞四机方案灵活。

引水隧洞洞径组合方案需综合考虑输水系统地质条件和钢岔管设计难度、施工条件、水力过渡过程、机组设计制造难度、动能经济指标和费用现值等因素。

针对斜井、竖井施工，现有的施工方法主要有反井钻机法、爬罐法、反井钻机和爬罐结合法及定向钻机和反井钻机结合法等。其中，爬罐法施工，导井进度较慢、安全风险大，在超过200m后通风排烟困难，近几年应用较少。随着国家重大装备技术快速发展，斜井、竖井也可考虑采用从下而上TBM掘进法或反井钻机和自上而下TBM掘进结合法。国内外竖井施工技术已相对成熟，400m和500m级高竖井均有成功施工案例。目前，国内已成功开挖施工的最长斜井（460m）为长龙山抽水蓄能电站引水上斜井，最长竖井（385m）为阳江、张河湾抽水蓄能电站引水下竖井。长深斜井、竖井施工可考虑采用定向钻机和反井钻机结合法开挖导井后再应用人工扩挖或采用斜井、竖井TBM掘进法开挖。

斜井、竖井方案采用反井钻机及人工扩挖，在施工方法方面有一定优点和缺点。

斜井施工的主要优点：斜井扩挖提升系统的轨道沿底板布设，对所需围岩质量要求较低，可在底板一侧布置安全应急爬梯，载人运输和载货运输之间的干扰较小。斜井施工的主要缺点：导井钻孔精度要求较高，需采用定向钻机钻设先导孔，并时刻进行纠偏，设备要求高，导井施工周期较长；斜井底部石渣难以直接从导井内流走，导井溜渣难度较大，人工扒渣量较大，且斜井走向不利于机械化扒渣设备的应用；扩挖提升系统较复杂，体量庞大；为便于斜井扩挖提升系统运行，斜井底板一般需要两条铺设轨道，可能会发生脱轨事故，斜井提升运行速度较慢，对轨道安装精度要求较高；日常管理及维护工作量较大，停工故障多；施工人员直接暴露在斜井拱顶下，对斜井拱顶的支护要求较高，若存在破碎断裂带或软弱围岩段，则容易发生块石掉落及坍塌事故，对斜井内施工人员造成人身伤害。

竖井施工的主要优点：导井施工方便，对先导孔的钻孔精度和钻孔设备的要求较低；竖井施工钻进方向为竖直向下，自重荷载的弯矩为零，岩屑竖直下落，反井钻机的适用性更好，对施工单位的施工工艺和过程质量控制要求较低；导井井壁四周不易存渣，溜渣较便利；可采用小型挖掘机下放到掌子面进行扒渣，人工辅助零星扒渣，从而提高扒渣效率，减少人工扒渣工作量，保障现场施工人员施工安全；井身扩挖溜渣过程中，沿导井中心溜渣，井壁磨损相对均匀，竖井方案出渣效率更高；扩挖提升系统无须安装轨道，提升速度快，工作安全可靠，可缩短工序循环时间；无须使用有轨扩挖台车，降低了施工安全风险；开挖钻爆方式较常规，扩挖难度小；竖井井壁采取有效支护后不易发生块石脱落的问题，安全性较斜井施工高。竖井施工的主要缺点：提升系统的布置需在竖井顶部安设天锚滑轮，对竖井拱顶的围岩厚度及围岩完整性要求较高，对锚固系统注浆质量要求较高；提升系统布置空间狭小，拱顶布置较困难，载人运输和载物运输的运行会有上下交叉干扰，存在一定的安全风险。

　　地下厂房主要建筑物由主副厂房洞、主变洞和尾闸洞三大洞室组成。地下厂房一般会对首部布置、中部布置和尾部布置3种方案进行比选，主要从地形地质条件、输水系统布置、开关站布置、进厂交通洞布置、通风兼安全洞布置、施工条件及工期影响等方面进行比选。

　　在输水发电系统推荐方案和地下厂房布置方案的基础上，结合地质探洞揭示的输水发电系统和厂区地质资料，进一步优选厂房位置及轴线方向。在进行比选时可遵循以下原则：厂房宜布置在地质构造简单、岩体较完整、上覆岩体厚度适宜、地下水不发育的地段，应尽量避开主要的断层和破碎带；厂房纵轴线方向与地质主要结构面走向应构成较大的交角，一般不宜小于30°，并兼顾次要结构面对洞室稳定的影响；厂房纵轴线方向与地应力的最大主应力水平投影方向宜呈较小夹角，以减小地应力对围岩稳定性的影响；在中等地应力区，可以侧重岩体结构面的影响；厂房位置、洞室纵轴线方向选择应兼顾输水系统洞线和高压岔管区的地质条件，使工程总体布置合理。

　　地面开关站布置有GIS室、继保楼及地面出线场。进厂交通洞是施工期为厂房开挖的主要施工和运输通道，运行期可作为主要的交通、通风及安全疏散通道使用。通风兼安全洞是用来排风和安全疏散的，同时也是厂房顶拱开挖的施工通道。其布置方案主要受厂房布置和地质条件影响。

　　根据NB 35047—2015《水电工程水工建筑物抗震设计规范》进行抗震设计，具体方案为：坝顶超高考虑地震时坝体的附加沉陷和水库地震涌浪；坝顶高程计算根据设计烈度和坝前水深，取地震涌浪高度1.0m；地震沉陷高度参考大坝有限元计算成果并留有一定余幅，取0.5m；根据规范要求，对大坝进行设计、校核工况下的稳定和应力分析，计算结果反映设计地震下大坝坝体安全性；可通过提高大坝碾压参数，设置下游排水体，提高大坝整体抗震能力。

　　对大坝进行抗震构造设计时，应按以下几方面要求进行：挖除坝基全部覆盖层及风化层，坝体填筑料坐落于强风化及弱风化基岩上，以减少地震后沉陷；面板配置双层双向钢筋，防止产生结构性拉伸裂缝；为减少地震期间面板混凝土挤压破坏的危险与范围，大坝面板结构缝部位设置加强筋，在河床中部面板垂直缝内填塞沥青浸渍木板或其他有一定强度和柔韧性的填充材料。通过上述措施降低地震工况面板破坏的风险，增加防渗的可靠性；坝顶设置防浪墙，下游设置U形种植槽，防浪墙和种植槽均为钢筋混凝土结构，抗震性能好，可降低地震工况下坝顶局部破坏的风险；在下游坝坡设钢筋混凝土框格梁，框格梁之间相互连接，以提高下游坝坡的整体性，提高抗震能力。

　　水库放空设施如遇地震造成破坏，必要时上水库可通过输水系统较快地降低库水位，避免或减少对大坝及下游的安全威胁，也利于震后大坝检查、检修，尽快恢复生产。

根据 NB/T 10872—2021《碾压式土石坝设计规范》，当坝顶上游侧设有防浪墙时，坝顶超高可作为对防浪墙顶的要求。此时，在正常运用条件下，坝顶应高于静水位 0.5m；在非正常运用条件下，坝顶应不低于静水位；另外，防浪墙底高程宜高于正常蓄水位。上水库防浪墙顶高程等于水库静水位加坝顶超高，坝顶以上防浪墙高度 1.2m。根据规范要求，按下列 3 种工况计算，取最大值，分别是设计洪水位+正常运用情况的墙顶超高、校核洪水位+非正常运用情况的墙顶超高和正常蓄水位+非正常运用情况的墙顶超高+地震安全超高。

为了研究枢纽泄洪消能的水力特性，需论证枢纽泄洪建筑物布置的可行性和合理性，并对泄洪消能建筑物结构形式等进行优化设计。本阶段还应开展下水库溢洪道及导流泄放洞水工模型试验，并形成专题报告。

输水系统水力计算包括水头损失和水力-机械过渡过程计算分析两个部分，计算目的是对系统的稳定性及危险工况进行预测，为输水系统结构布置、机组参数的选择及导叶关闭规律和调节系统参数的优化等提供依据。

水道衬砌糙率主要根据输水道衬砌材料确定，在水力过渡过程计算中按规范规定，不同工况的糙率取值不同。

水头损失由沿程损失和局部损失两部分组成。沿程损失可采用谢才·曼宁等经验公式计算，局部损失系数根据模型试验成果及 NB/T 35071—2014《水电站调压室设计规范》《水工设计手册》确定。

抽水蓄能机组具有启动停机频繁、一机多用、工况变换多的特点。复杂多变的工况引起的水力瞬变过程，因惯性存在及系统中能量不平衡将引起水道系统内水压力及机组转速的急剧变化。为使输水系统的压力上升保持在经济合理的范围内，还应同时选定导水机构，合理调节时间和关闭规律。本阶段应对输水系统及机组的过渡过程计算进行专题研究。

由于抽水蓄能电站的进、出水口的水流条件必须满足进流和出流两种工况，并保证在各种工况下不会产生吸气漩涡，因此应确定合适的底板高程以保证合适的淹没水深。一般根据最低运行水位、孔口尺寸、最小淹没水深等要求，以及地形、地质条件等因素确定进、出水口的底板高程。最小淹没水深除按戈登经验公式确定外，还可根据国外抽水蓄能电站进、出水口水工模型试验统计资料分析。

抽水蓄能电站的进、出水口有发电与抽水两种运行工况，水流方向相反。进流时要防止吸气漩涡，出流时要使水流均匀扩散，同时要求两种运行工况的水头损失都尽可能小。根据 NB/T 10072—2018《抽水蓄能电站设计规范》，参考国内外抽水蓄能电站建设的经验，并在天荒坪工程及广州抽水蓄能、十三陵、桐柏、泰安等工程进、出水口体型设计经验的基础上，对进、出水口体型提出以下几个原则：进、出水口拦污栅处的平均流速控制在 0.8~1.0m/s；进、出水口高度应不小于隧洞直径的 1.5 倍；扩散段的平面扩散角 α 宜为 25°~45°，顶板扩张角 θ 宜为 3°~5°；流速不均匀系数：出流时不大于 2.0，进流时不大于 1.5；各孔流道比满足 1.1~1.5 的要求。

进水口整体稳定包括抗滑、抗浮、抗倾覆稳定及地基应力计算。根据 NB/T 10858—2021《水电站进水口设计规范》，计算不同工况和组合工况。

进、出水口流速不均匀系数、流量分配系数、水头损失及水头损失系数计算是在本阶段开展的重要数值计算分析工作，是为了对下水库进、出水口布置和体型的合理性进行验证和优化，为设计提供合理的体型参数和水力学指标。

地下厂房洞室群主要由主副厂房洞、主变洞、尾闸洞三大主洞室及进厂交通洞、通风兼安全洞、母线洞、500kV 出线洞、排水廊道等辅助洞室组成。

根据工程厂区建筑物总体布置，以及调压室应尽量靠近厂房的原则，结合地形地质条件，尾水调压室位于尾水岔管下一定距离位置，每个水力单元设一个尾水调压室。根据广州抽水蓄能、宜兴抽水蓄能、仙游抽水蓄能的经验，为方便施工，尾水调压室中心错开尾水隧洞中心线一定距离布置，尾调阻抗孔水平连接管底部中心。尾水调压室形式通常有简单式、阻抗式、水室式、溢流式、差动式和气垫式等。抽水蓄能电站水头较大，波动衰减快，故其调压室一般不选用简单式。结合已建工程情况，阻抗式尾水调压室具有容积小，波动衰减较快，结构简单，施工方便，投资较少等优点，其波动稳定性虽然比差动式尾水调压室稍差，但对于尾水调压室而言已能满足运行要求。因此，本阶段尾水调压室选用阻抗式，并利用尾水调压室通气洞局部扩挖兼作上室，以降低调压室高度。

尾水调压室结构设计的计算原则与上水库进、出水口平方段钢筋混凝土衬砌设计原则相同，计算方法按 NB/T 10391—2020《水工隧洞设计规范》进行。尾水隧洞结构设计的计算原则与上水库进、出水口平方段钢筋混凝土衬砌设计原则相同。为了改善衬砌的受力条件，增强围岩与结构混凝土的密实性，可在混凝土浇筑完成后，沿尾水隧洞顶拱 120° 范围进行回填灌浆，断层及破碎带加密灌浆，保证围岩稳定。对较宽、较破碎断层处进行刻槽混凝土置换处理。

按通气洞面积不小于 10% 压力水道面积的原则，对于两洞四机布置方案，需同时考虑两个调压室共用一个通气洞的要求，计算通气洞最小面积，兼顾考虑施工出渣行车要求，确定通气洞的形式和尺寸。

根据输水系统地下水情况，结合中平洞、下斜井、下平洞、厂房地质长探洞、施工支洞、厂房排水廊道的布置，压力管道一般设置中平洞、下斜井、下平洞三层排水廊道和排水幕。

关于洞室间净距，其随各国及各行业的标准及地质条件的不同而有所不同。根据部分国内外已（在、拟）建的项目统计，大中型抽水蓄能电站的主副厂房洞和主变压洞之间的净距与两洞室平均跨度之比大部分在 1.6~2.0 之间，洞室间净距一般为 30~40m，根据主厂房与主变洞之间母线洞设备布置要求，两洞室间净距不宜小于 40m。主变洞和尾水事故闸门洞之间的净距一般为 25~35m。

机组段内部布置从上而下依次为顶拱风道层、岩梁及桥机布置层、发电机层、母线层、水轮机层、蜗壳层、尾水管层。安装场按照满足一台机组安装、检修、吊运的要求进行布置。

水工建筑物设置安全监测的主要目的是了解在水荷载作用下坝体、输水系统等结构的工作状态，当水库蓄水、输水系统充水后，受强大的水荷载作用，建筑物结构将产生较大的变形和应力，此时光靠肉眼无法观察和判断建筑物的工作性态，需通过监测设施了解建筑物的应力、变形等监测物理量的变化规律，判断建筑物工作是否正常，以便采取措施。同时也为水工建筑物的施工、运行提供辅助依据。工程安全监测设计一般遵循以下原则：以安全监控为主，全面规划，突出重点，分期实施；对各部位不同时期的监测项目的选定从施工、首次蓄水、运行期全过程考虑，监测项目相互兼顾，做到一个项目多种用途，在不同时期能反映不同重点；观测项目和观测点位布置目的明确，能较全面反映结构物的工作性态。除按有关规范外，应结合工程具体情况进行监测设计；布置观测点位时，对关键部位应集中优势重点反应，既突出重点，又全面兼顾；对互有联系的监测项目，要结合进行；对控制枢纽建筑物安全的重点观测项目和关键观测点位，采用多种手段监测，为枢纽建筑物安全运行提供可靠信息；应考虑仪器可能发生损坏等情况，仪器布置应适当重复、平行布置，以便校测；仪器设备选型及观测点位布置遵照"实用、可靠、先进、经济"的原则，使数据采集灵敏，信息反馈及时，以确保工程、设备和人员安全；监测仪器设备选型应考虑耐久性、稳定性、适应性，满足量程和精度要求，仪器设备种类在满足工程要求的前提下尽可能少，输水系统和厂房外部的监测仪器必须选择耐水能力强、防潮性能高的仪器和电缆，以保证仪器在高水压下能正常工作；安全运行的监测系统要考虑便于自动化数据采集的需要，同时保留人工观测的需要；监测设施应与主体工程同步实施，并应尽早投入运行。

此外，遵循"监测布置突出重点，兼顾全局，力求达到少而精，能有效、合理、可靠地为工程安全运行及设计反馈研究"提供依据的原则，确定工程安全监测对象主要为工程区范围内的水工建筑物，水工建筑物各部位的监测内容密切结合工程进度分步骤、分阶段实施，以确保工程顺利开展。一般，监测内容有环境量监测、变形监测、渗透压力监测、绕坝渗流监测、位移监测、应力监测和地震反应监测等。对于地质灾害频发的区域，还应考虑泥石流、滑坡等自动化监测内容，以确保安全。

生产生活区生态环境规划设计旨在修复受施工影响的场地生态，优化场地风貌，并根据不同分区功能设计适应场地需求的活动空间及绿化环境。场地景观充分结合建筑布局，构筑物及景观小品均延续周边风情建筑风格，展现抽水蓄能电站特色风貌，使各生产生活场地功能得到完善，景观得到提升，同时得以融入地方山水环境，形成和谐、自然的场地风貌。

基于工程布置与建筑物方案的确定，应列出挡水建筑物、泄水建筑物、输水建筑物、发电厂房及开关站、通航建筑物、边坡工程和安全监测等工程量，包括项目名称、单位、数量、型号和规格等。

工程布置与建筑物部分的内容包括设计依据及基本资料、可行性研究阶段主要结论及工程布置、枢纽建筑物方案比选、上水库建筑物、下水库建筑物、输水系统建筑物、地下厂房及开关站、边坡工程、工程安全监测设计、生产生活区布置与环境美化规划、主要建筑物项目及工程量。主要附图有枢纽布置图（平面、剖面、立面图等）、主要建筑物布置图、安全监测布置图、比较方案布置图等。主要附件成果可根据工程规模和技术特点开展相关专题研究，一般包括坝址选址专题报告、坝型比选和枢纽布置专题报告、坝高设计研究专题报告、高坝抗震设计专题报告、水力学模型试验报告、地下厂房洞室群围岩稳定分析及支护设计专题报告、高水头岔管结构分析研究专题报告、新材料、新结构工程必要的试验研究专题报告、枢纽工程安全监测系统设计专题报告及其他专题研究报告。根据项目特点，各专题报告有一定差异。

在可行性研究阶段开展工程布置与建筑物设计，对特殊的技术问题开展专题研究和模型试验时，主要的问题为：一是上下水库的防渗设计方案，无论是岩溶漏水环境还是强透水的风化卸荷岩体，抑或开挖覆盖层形成水库，防渗方案均应进行专题研究，反复比选；二是地下厂房系统围岩条件差的问题，有一些站点的地下厂房位于软岩地层，成洞条件差，存在施工及运行期围岩稳定安全问题，设计方案往往出现支护量大、施工困难等情况，对投资和工期的影响较大，需要慎重研究；三是输水系统布置形式的选择，从"一洞一机"到"一洞四机"都有可能，在地质条件好且 HD 值（管径×水头）处于容许范围时，应尽量研究一洞多机的布置形式，特别是距高比较大的站点更是如此，对节约工程投资意义重大。

6. 机电及金属结构

机电及金属结构的设计阶段，经上下水库坝线和坝型比较、上下水库特征水位比选、输水系统洞径比选及水库库盆的优化等设计研究，得出水泵水轮机运行水头范围。

水泵水轮机主要参数选择以机组的安全稳定运行为前提，结合水泵水轮机的能量指标、空化性能和泥沙磨损等因素，进行综合分析和论证。

合理选择水泵水轮机额定水头涉及多个方面的综合比较。根据 NB/T 10878—2021《水力发电厂机电设计规范》，水泵水轮机额定水头的选择应根据水电厂的运行水头及出力范围、运行特性及其稳定运行的要求、水电站容量受阻及电量损失的限制条件、水库调节特性与运行方式、机组在电网中的作用及其运行方式，以及输水系统水头损失等因素综合考虑，经技术、经济比较选定。从水泵水轮机水力设计考虑，过低的额定水头会加大机组过流量，可能会使水泵水轮机工况部分负荷时和低水头时运行稳定性变差，小负荷时效率低，水泵工况高扬程运行稳定性变差等。但额定水头过高会造成容量受阻和电量损失。根据国内外经验，选择较高的额定水头对水利研发和设计有利。根据规范中对抽水蓄能电站的有关规定，水头变幅较大的电站，额定水头宜略低于加权平均水头或不小于算术平均水头；水头变幅较小的电站，额定水头可略低于算术平均水头。本阶段经过对上下水库坝线和坝型比较、输水系统经济洞径比较和特征水头比较优化，确定电站算术平均水头，一般需拟定机组水头方案，结合机组参数、运行稳定性、水量平衡和动能经济指标，进行技术经济比较。

从水泵水轮机水力设计方面分析，过低的额定水头会加大机组过流量，并偏离最优工况区，使得低水头运行时水泵水轮机工况空载稳定性出现不好的趋势，水泵水轮机工况运行效率低，水泵工况高扬程运行稳定性出现不好的趋势。采用相对较高的额定水头，其运行稳定性会有所改善。

比转速是描述水泵水轮机性能参数和几何形状等方面的综合性参数，综合反映了转轮的尺寸、形状、流道过流能力、空蚀性能和能量指标。选择较高的比转速意味着机组转速加大，有利于减少机组尺寸和重量、提高机组综合效率、减小厂房尺寸、降低工程造价，但比转速选择受水泵水轮机制造、设计水平限制，选择过高的比转速会使机组空化性能下降，从而要求加大电站吸出高度，加大厂房埋入深度，同时也对机组运行稳定性带来不利的影响。

从水泵水轮机效率变化趋势方面分析，不同转速方案有不同的影响。水泵水轮机的比转速与水头（扬程）成反比关系，且与转轮形状密切相关。比转速越低，转轮形状会变得越扁平，水轮机方向转轮进口高度变小，过水流道变得窄长，因而在高水头下流道内流速增加，沿程损失和局部损失都增加，同时转轮止漏环损失加大，导致水泵水轮机总效率下降。

从水泵水轮机空化特性方面分析，随着水泵水轮机比转速的提高，空化性能将下降。为满足空化特性，随着额定转速的提高，所要求的电站吸出高度绝对值越大，埋深越大。

发电电动机设计制造水平通常可从机组难度系数和每级容量看出。机组难度系数由单机容量乘以机组飞逸转速表示。

吸出高度与安装高程。对水泵水轮机而言，水泵工况的空化性能比水轮机工况差，在高扬程、小流量区域，叶片的背面负压区容易出现气泡，从而产生空化；在低扬程、大流量区域，叶片的正面正压区容易出现气泡，从而产生空化。水泵工况的空化系数一般比较大，且水泵工况比转速增高使转轮空化性能下降。由此可见，在设计中应留有足够的淹没深度，确保水泵水轮机在运行中不会发生空化。水泵水轮机空化系数范围需要更多地参考相似电站的参数水平和制造厂家推荐意见。另外，除了无空化运行，吸出高度的选取还要考虑过渡过程计算的需求。

水泵水轮机效率。一般情况下，高水头低比转速水泵水轮机随着水泵比转速的减少，转轮形状更扁平，流道更窄长，损失更大，对应效率更低。比如，葛野川抽水蓄能电站机组效率较低，这是因为其公司在进行转轮设计时侧重于较好的运行稳定性和空蚀性能，将效率放在次要位置。而在最新开发的西龙池抽水蓄能电站中，根据模型试验结果，其压力脉动和空蚀性能均满足合同要求，效率水平也得到了较大提高。从近几年国内的高水头抽水蓄能电站如敦化、长龙山、阳江等主机合同执行结果看，效率稳步上升，稳定性得到了较大提高。

水泵工况最大功率。为充分利用发电电动机的容量，发电电动机在进行双向运行时，一般要求发电机视在功率和电动机视在功率相等，以获得最高的综合效率。这样水泵工况最大允许功率由式（3-7）决定：

$$N_{pmax} = N_g \cdot \eta_m \cdot \frac{\cos\theta_m}{\cos\theta_g} \tag{3-7}$$

式中：N_{pmax} 为水泵工况最大允许输入功率（轴功率）；N_g 为发电机有功功率；η_m 为电动机效率；$\cos\theta_m$ 为电动机功率因数；$\cos\theta_g$ 为发电机功率因数。

水头和扬程变幅。对水泵水轮机来说，过大的 N_{pmax} 或 N_{tmin} 值可能会引起水力性能设计困难和运行不稳定，空蚀、振动、噪声等情况加重。日本制造商曾进行一些研究，提出了 N_{pmax} 或 N_{tmin} 值和 N_{tmax} 的经验关系限制线，N_{pmax} 或 N_{tmin} 限制值随着运行水头的升高而减小。

根据 NB/T 10072—2018《抽水蓄能电站设计规范》，建议在水轮机工况比转速小于 90m·kW 时，单转速混流式水泵水轮机水头变幅 N_{pmax} 或 $N_{tmin} \leq 1.15$。一般，水头高的电站水头变幅小。

水轮机工况空载启动稳定性。水轮机工况空载运行经制动工况进入反水泵工况区域的"S"特性将直接关系到机组能否正常启动及并网发电，"S"区域是水泵水轮机运行的不稳定区，机组运行进入该区域的直接后果是可能造成启动或调相转入发电时容易由飞逸状态进入反水泵区，从而出现逆功率或无法并网发电。

压力脉动是衡量水泵水轮机性能的一个重要指标。根据已建抽水蓄能电站的水泵水轮机运行情况和模型试验资料，水泵水轮机容易产生的压力脉动主要表现为水轮机工况部分负荷时尾水管涡带引起的压力脉动，以及水泵工况的转轮出口和导叶进口之间因水流撞击产生的压力脉动。一般，在水泵水轮机工况的小负荷和超负荷区域，由于导叶开度减小和增大，导致转轮出口水流方向改变，形成较大的旋涡，在尾水管产生涡带，导致压力脉动值上升；水泵水轮机工况在高扬程小流量和低扬程大流量时，转轮出口水流对导叶的撞击会加剧，易产生脱流，引起压力脉动增大。一般，压力脉动大小取决于水泵水轮机比速系数的取值和运行负荷。

水质和泥沙含量初步分析。几十年来，人们一直研究泥沙对水轮机和水泵的磨损和破坏情况，但至今仍无法确定含沙水流在水轮机和水泵转轮中的运动规律与破坏机理。但从多数工程的水轮机和水泵的实际泥沙磨损破坏程度看，水轮机和水泵的实际泥沙磨损破坏程度与水轮机出口相对速度和水泵出口线速度有明显的相关关系。

本阶段需推荐水泵水轮机预期主要参数，包括机型、机组台数、额定转速、高压侧转轮直径、额定输出功率、吸出高度及在水轮机工况和水泵工况下水头或扬程、流量、效率、输出功率或输入功率、比速系数等。

在主要参数确定的基础上，一般还需通过经验公式计算出水泵水轮机流道主要尺寸，如转轮直径、蜗壳进口直径、蜗壳中心线距机组中心距离、蜗壳尺寸、活动导叶节圆直径、尾水管高度、尾水管长度、尾水管出口高度、尾水管出口宽度和导叶高度。

调节保证设计。水力过渡过程计算工况的选择原则：设计工况，正常蓄水位和死水位之间的水位下一次事故或者增减负荷作为设计工况；校核工况，正常蓄水位（或设计洪水位）和死水位之间的水位下两次及两次以上事故或者偶发事件（与最不利时刻相关的增减负荷）作为校核工况；最高发电水位下一次事故及一次以上或者增减负荷作为校核工况。

水力干扰计算分析。多台机组作为出力单元时，若其中部分机组由于某种原因丢弃全负荷或者增加负荷，将会导致引水发电管道系统其他正常运行的机组出现压力、流量的波动，形成所谓的水力干扰，影响正常运行机组的工作水头和出力，使之处于水力—机械—电气相互耦合的过渡过程中。

这部分内容主要研究并网调频和并网调功模式下水力干扰的影响。

并网调频模式。在出现水力干扰现象时，由于机组并大电网，同一水力单元先甩机组几乎不会引起系统频率的变化，未甩机组受电网的拖动影响，转速变化几乎没有，在这种情况下，测频元件基本不起作用，调速器不动作，导叶开度保持不变，即由于水力干扰，机组本身出力发生变化，但变化的出力均能被电网有效吸收，电网阻力矩与水轮机动力矩一直处于动态平衡状态，水轮机的转速在水力干扰过程中几乎不发生变化。

并网调功模式。受电网、水电站 AGC（自动发电控制）系统控制时，调速器跟踪机组功率进行调节，即调速系统在功率发出的指令信号作用下，接收机组功率信号，通过自动开启（关闭）导叶调整机组出力，使之达到新的平衡状态。对于可逆机组，发电机与电动机合二为一，除发电机容量与电动机容量必须匹配外，在发电电动机选型时，发电电动机容量与水轮机容量在理论上也需要匹配，水轮机理论上超出力的范围很大（当水头很高时，可达 30% 以上），但受发电机工作条件限制，不可能无限制超出力；即当同一单元的机组受水力干扰影响，如果反映出力变化的水轮机轴力矩指标超出规定，那么发电电动机组如无特殊设计，将退出运行。对于抽水蓄能电站，常规同步发电机和电动机一样，通常允许发电机在短时内过负荷运行。短时内过负荷运行是根据发电电动机在温升和绝缘方面的储备能力考虑的，短时内过负荷的大小与时间均有一定限度，否则会造成绝缘部分的损坏和其他故障，可在招标文件中对其进行规定，通常规定发电电动机允许短时过负荷运行，机组在热状态下应能承受 150% 的额定电流冲击，历时 2min，在该过程中，机组发电设备不会出现有害变形及其他机械故障。

小波动稳定性分析。从小波动计算理论看，不考虑电网负荷特性是偏保守和安全的做法。根据小波动解析推导理论，水轮机工作水头越小，引水发电系统的小波动稳定性越差，因此选择下水头工况，以判断引水发电系统的稳定性。电站的小波动稳定性受水道系统布置和机组过流特性两方面控制。由于在空载状态下，流量最小，水道的水体惯性也最小，因此其小波动稳定性主要取决于可逆式机组的过流特性。由于现阶段采用的机组特性曲线参考的是实际已运行的机组，因此其空载状态下的稳定性是有保证的。在机组招标阶段，需针对空载状态下的机组特性向机组制造商提出相关要求，共同保证系统小波动稳定性。

调节保证设计值应根据 NB/T 10342—2019《水电站调节保证设计导则》对计算误差的相关要求，在水力过渡过程计算值的基础上考虑压力脉动与计算误差并进行修正后确定。

调速系统设备选择。根据 NB/T 10878—2021《水力发电厂机电设计规范》，每台机组配一台 PID 双冗余微机电液调速器。

进水阀。根据相关规程规范，最大水头为 250.0m 的抽水蓄能电站宜选用蝴蝶阀，最大水头为 250.0m 以上的抽水蓄能电站宜选用球阀。

水泵水轮机重大件运输。水泵水轮机的最大件为蜗壳（带座环），最重件为进水阀阀体，最长件为桥机大梁，应根据上述设计成果选择合适的重大件运输路线。

水泵水轮机的拆卸方式通常可分为上拆、中拆和下拆 3 种。国内抽水蓄能电站建设初期，部分电站的水泵水轮机采用中拆和下拆方式，近年来，大多数国内大型抽水蓄能电站尤其是高水头大容量抽水蓄能电站采用上拆方式。3 种拆卸方式有各自的优点和缺点。

上拆方式：水泵水轮机可拆部件通过发电机定子拆出。其优点是机组轴线短，布置紧凑，轴系稳定性好，机组运行的振动和噪声较小，机组轴线调试较简单，厂房高度一般可减小约 300mm，厂房结构也较简单；缺点是顶盖需分半瓣，拆装难度大，水泵水轮机部件装拆时间较长，水轮机需要检修时即使发电电动机转子无须检修也需要吊出机坑。

中拆方式：水泵水轮机可拆部件通过机墩通道拆出，即不需拆发电电动机部件就可较快拆卸水泵水轮机部件，从而缩短检修工期，增加电站效益。但这种方式需增加中间轴，而且这样会增加主轴轴线调整的难度，并且机墩中需开较大通道，会对整个厂房的振动和噪声有一定影响，而且会使土建投资加大。为改善土建结构的强度和刚度，机墩下游侧一般与岩体连成一个整体。

下拆方式：水泵水轮机可拆部件通过尾水管锥管处的下部通道拆出，其优点是无中间轴，部件拆装时间短，顶盖在大多数情况下不需拆卸；缺点是底环、锥管等部件不埋入混凝土中，这样可能会增加部件振动，缩短下导叶轴承寿命，并且厂房底部需设通道，结构较复杂。在多泥沙抽水蓄能电站，转轮、导叶等过流部件检修周期较短，可以考虑采用该种拆卸方式。

水力机械辅助设备主要有技术供水系统、机组检修及厂房渗漏排水系统、压缩空气系统、油系统、水力监视测量系统和机械修理设备等。

技术供水系统主要分为机组单元供水和全厂公共供水两部分。机组单元供水主要有水泵水轮机的导轴承冷却器、主轴密封、转轮上下止漏环，发电电动机的推力（上导）轴承冷却器、下导轴承冷却器、空气冷却器、主变压器冷却器等。全厂公共供水主要有消防用水（包括机组、主变压器、厂房等）、SFC 变压器、SFC 功率柜冷却供水、主变压器空载冷却供水、空压机冷却用水、通风空调、生活用水等。

机组检修及厂房渗漏排水系统。根据 NB/T 35035—2014《水力发电厂水力机械辅助设备系统设计技术规定》，从电站安全运行角度出发，两个系统分开设置。机组检修排水系统主要有进水球阀后压力钢管、蜗壳、尾水管、尾水闸门前尾水洞内积水及下游尾水闸门、球阀漏水。厂房渗漏排水系统主要包括地下厂房围岩渗水、引水系统渗漏水、机组顶盖排水、水泵和管路漏水，以及其他一些辅助设备的漏水、排水、厂房及机电设备消防用水等。

压缩空气系统分为两部分：一部分为中压压气系统，如额定工作压力为 8.0MPa、1.6MPa；另一部分为低压压气系统，如额定工作压力为 0.8MPa。两个系统分开设置。

油系统分为透平油系统和绝缘油系统。

水力监视测量系统主要用来满足水轮发电机组的安全运行需求，为今后电站经济运行提供基本资料，主要有全厂性测量和机组段测量。

电气主要包括接入电力系统、电气主接线、主要电气设备、过电压保护及接地和厂内照明等内容。

接入电力系统。这是抽水蓄能电站建设投资的重要考量事项，涉及电站建成运行后所生产的电能的去处问题，是项目立项成立的重要前提。

电气主接线。由于抽水蓄能电站主要在电网中承担调峰、调频、调相等作用，工况转换频繁，操作次数多，因此要求电气主接线适应该电站的运行特点，选择简单清晰、满足可靠性设计要求及适合运行工况改变的方案，而且应选择投资合理的接线方案作为其电气主接线。同时考虑满足可靠性、灵活性和经济性要求，对发电电动机与主变压器的组合方式，机组启动、同步及换相和制动方式，500kV 侧电气主接线、厂用电接线进行综合分析比选。

主要电气设备包括发电电动机、主变压器、500kV 高压配电装置、500kV XLPE 电缆、静止变频启动装置（SFC）、发电电动机电压设备和电气设备重大件运输及设施等。发电电动机主要包括额定容量、额定转速、额定电压、机组调压范围、机组功率因数、飞轮力矩 GD_2、短路比 SCR 和电抗值、制造厂家推荐的发电电动机参数、发电电动机主要结构形式、推力轴承、通风冷却方式、定子、转子、发电电动机制造难度分析、发电电动机主要参数和可靠性要求等。主变压器主要包括主变压器容量、主变压器形式、主变压器布置位置选择、阻抗电压、调压要求、接地方式和主变压器主要参数等。500kV 高压配电装置主要包括 500kV 高压配电装置形式、地面开关站布置方案与地下开关站布置方案的比较和 550kV GIS 主要参数、出线场设备主要参数等。

过电压保护及接地。根据我国现行电力行业标准，建设抽水蓄能电站时需为其设置适当的过电压保护和接地装置的设计。过电压保护主要包括直击雷保护、感应雷保护、雷电侵入波保护、内部过电压保护和绝缘配合。接地装置设计原则为根据工程的实际情况和条件，结合电站总布置，因地制宜地布置接地网，发挥低电阻率介质—水库库水的作用，敷设一定范围大面积的库底水下接地网，尽可能降低接地电阻；充分利用电站的自然接地体，如围岩支护锚杆、压力钢管和门槽等；做好接地网的均压布置和措施，控制网内电位差和接触电位差、跨步电位差；切实做好各项地电位隔离措施，防止高电位引外、低电位引内。

厂内照明分为正常照明和应急照明两部分。正常照明应满足 NB/T 35008—2013《水力发电厂照明设计规范》和 GB 50034—2013《建筑照明设计标准》要求。应急照明除满足上述规范要求外，还应符合 GB 51309—2018《消防应急照明和疏散指示系统技术标准》。

另外，机电及金属结构部分应对控制、保护、通信、机电设备布置、金属结构、采暖通风进行合理化设计，统计主要设备规格和数量。

机电及金属结构部分的内容包括概述、水力机械、电气、控制、保护和通信、机电设备布置、金属结构、采暖通风和主要设备规格、数量汇总表。主要附图包括水轮机（水泵水轮机）模型综合特性曲线运行区域比较图（有条件时）；水轮机（水泵水轮机）运行特性曲线图（有条件时）；电站油、气、水及量测等系统图；电站接入电力系统地理位置图；电站电气主接线（包括厂用电及近区供电）方案比较图；电站电气主接线图；厂用电及厂坝区供电接线图；主副厂房设备布置图；开关站、换流站、变电站设备布置方案比较图；开关站、换流站、变电站设备布置图；计算机监控系统结构及设计图；继电保护、电气测量、同步第二次单线图；控制电源系统结构及设备配置图；工业电视监视系统结构及设备配置图；通信系统组网及设备配置图；工程各部位主要闸门（阀）、拦污栅及启闭机布置图；过坝设施金属结构布置图；闸门启闭机及过坝设施等电力拖动、自动控制系统图；采暖通风及空调系统图。

7. 消防设计

抽水蓄能电站设置的工程消防系统覆盖电站的地下厂房、上水库、下水库、500kV地面开关站（GIS楼、继保楼、柴油发电机房）、中控楼等各主要生产运行和管理场所，能有效扑灭电站以电气和油品为主的火灾，及时扑灭初期火灾，保障管理人员的安全生产和安全疏散。

抽水蓄能电站的消防设计应贯彻"预防为主，防消结合"的理念，在遵守国家有关消防规范的基础上，各专业应合理确定各系统的自动化水平，使火灾报警、监测及系统自动化水平满足电站的具体使用要求，做到及早发现，及时通报火警，防止和减少火灾危害，保护人身和财产安全。

在工程消防设计部分，先分析工程火灾危险部位及危险程度，再提出消防设计依据和原则，阐述工程消防系统的功能、公用消防设施、消防水源、电源、消防车道、安全出口和建筑物消防设置配置等总体设计方案及其细节设计。消防设施一般有消防供水、消防供电、应急照明、自动报警、通风防排烟、自动灭火系统、灭火器配置等。对有特殊要求的生产场所，提出送风、换气量、防烟、排烟等设计要求。确定主要生产场所火灾事故照明、疏散标志的配置，明确火灾监测自动控制和报警系统的配置方案及主要设备。

消防设计部分是在预可行性研究报告基础上增加的内容，主要包括工程概况、消防设计依据、基本资料、设计原则和总体设计方案、建筑防火设计、消防给排水设计、通风空调系统、防火排烟设计、电气设备消防及消防电气设计、建筑物耐火等级及消防设备配置、消防主要设备及材料清单等内容。主要附图有工程消防系统总体设计方案图，消防供水、通风、排烟系统图和火灾自动报警系统原理图等。

8. 施工组织设计

施工组织设计部分需要在预可行性研究报告的基础上进行深化和细化，主要包括施工条件、施工导流、料源选择与料场开采、主体工程施工、施工交通运输、施工工程设备、施工总布置、施工总进度、施工资源供应9部分内容。

施工条件。较预可行性研究阶段而言，除了需要明确工程条件，可行性研究阶段的施工条件还需要概述自然条件和施工特点。在工程条件中，除了需要明确工程地理位置、工程任务和规模、枢纽布置和对外交通运输条件和可利用场地和利用条件，还应说明施工期间通航、下游供水、防洪、环境保护、水土保持、劳动安全及其地质特殊要求等。自然条件应概述一般洪水、枯水季节的时段及洪水特征，各种频率的流量和洪量，水位和流量（库容）关系，冬季冰凌情况及开河特性，施工区支沟各频率洪水、泥石流，以及上下游水利水电工程对本工程施工的影响，概述地形、地质条件，以及气温、水温、地温、降水、湿度、蒸发、冰冻、风向风速、日照和雾的特性。施工特点内容应说明项目法人和其他有关方对工程施工筹建、准备、控制工期和总工期的要求，说明工程主要施工特点及重大施工技术问题。

施工导流。这部分内容应明确导流方式、导流标准、导流方案及导流程序、导流建筑物设计、导流工程施工、截流、基坑排水、下闸蓄水、施工期通航与排水。在预可行性研究阶段研究成果基础上，将每部分内容进行更具体、更有深度的说明。导流方式部分，应比较并选定导流方式，提出导流时段的划分，说明导流分期及防洪度汛、施工期通航、下游供水、排冰等安排。导流标准部分需要确定导流建筑物级别，选定各期施工导流的洪水标准和流量，选定坝体拦洪度汛的洪水标准和流量。导流方案及导流程序部分需论述导流方案比选设计原则，说明各导流方案布置特点及导流程序，经技术经济综合比较选定导流方案，提出选定方案的施工导流程序，以及各期导流建筑物布置及截流、防洪度汛、施工期通航、下闸蓄水、下游供水、排冰等措施，提出水力计算的主要成果，必要时应附选定方案导流水力学模型试验成果。导流建筑物设计部分要对导流挡水、泄水建筑物形式和布置方案进行比较，提出选定方案的建筑物形式、结构布置、稳定分析及应力分析、工程量等主要成果，研究导流建筑物与永久工程建筑物结合的可行性，并提出具体的结合方式和措施。导流工程施工部分应论述挡水建筑物的施工程序、施工方案、施工进度安排及混凝土骨料、填筑料的料源，论述围堰拆除技术措施等，论述泄水建筑物的开挖，浇筑支护等项目的施工程序、施工方案、施工布置、施工进度及施工保障的主要施工机械设备。这部分内容还应就施工导流方面提出以下要求：选定截流时段、标准和流量，选定截流方案等；提出基坑抽水量（包括初期排水和经常排水）、排水方式和所需设备；选择封堵时段、下闸流量和封堵方案，分析施工条件并提出封堵施工措施和进度安排；说明下闸封堵和初期蓄水期间向下游供水措施；说明蓄水进度计划，提出初期蓄水方案和相应措施；施工期通航与排水是对有通航需要的流域进行通航过坝（闸）方案设计、需求分析、通航调度及其影响，提出解决措施，论证施工期和永久通航设施和方案结合的可能性和衔接方式等。

料源选择与料场开采。这部分内容主要结合混凝土和填筑料的设计、试验研究成果，考虑拦蓄、冰冻和环境保护、占地补偿等影响及施工方法、施工强度、施工进度等条件，通过技术经济比选料源，并比较料场各类料石分布、开采运输及加工条件和利用规划等，提出料场开采规划，包括开采范围、开采程序、开采方法、运输、堆存、废料处理、环境保护等设计，明确开采强度和料场边坡的防护等工作。

主体工程施工。这部分内容主要包括挡水建筑物（闸坝）施工、岸边输水及泄（排）水建筑物施工、发电厂房及开关站（变电站、换流站）施工、安全监测工程、通航建筑物施工、机电设备及金属结构安装等工程施工程序、施工方案、施工进度安排、施工强度及相关的措施和要求、主要辅助设施布置方案和工程量等。在不同部位不同专业的施工中，还应明确相互衔接和协调的要求。

施工交通运输。这部分内容主要包括对外交通运输和场内交通运输。先调查清楚周边现有交通情况，再结合工程交通运输需求进行对外交通运输方案设计和道路改建、新建方案设计。其中，场内道路是结合各部位施工的线路需要及运输量和运输强度的需要，对场内主干道、施工支路或支洞进行布置，并提出施工规划、施工标准和工程量。

施工工程设备。这部分内容主要包括砂石加工系统、混凝土生产系统、混凝土预冷（或预热）系统、压缩空气、供水、供电和通信系统、综合加工和机械修配厂等布置方案和相关要求的说明，提出主要设施设备清单和工程量。

施工总布置。这部分内容主要说明施工总布置规划原则，确定选定方案的分区布置，提出施工总布置方案和临时设施建筑分区布置，说明土石方平衡及开挖料利用规划，以及堆（存、转）弃渣场规划，提出场地平整土石方工程量，确定主要施工场地（包括渣场）的防洪标准及排水系统规划，提出渣场防护的工程措施和主要工程量，说明施工用地分区规划和分期用地计划，提出用地范围图，研究施工用地重复利用的可行性。

施工总进度。这部分内容主要有编制依据、施工分期、筹建期及准备期进度、施工总进度等。施工分期主要根据各阶段控制性关键项目及进度安排、工程量进行分期，分析施工强度和土石方平衡。施工总进度需说明关键线路和分阶段工程形象面貌的要求，研究分期发电的措施，论证关键线路主要单项工程项目的施工强度，分析加快进度的措施；提出施工进度安排的主要项目强度指标，提出施工总进度图，确保主体工程施工强度平衡和资源平衡。此外，应列表说明主体工程及主要临时建筑物工程量、逐年计划完成主要工程量、逐年最高月强度、逐年劳动力需用量、最高人数、平均高峰人数及总工日数。

施工资源供应。这部分内容主要列出工程所需的主要建筑材料和主要施工机械设备，分析地方资源供应能力。

施工组织设计部分的主要附图有施工对外交通图，施工总布置图，施工导流布置图，导流建筑物结构布置图，导流建筑物施工方法示意图，施工期通航布置图（若有），料场开采规划图，主要建筑物施工通道及施工支洞布置图，主要建筑物开挖、施工程序及地基处理示意图，砂石加工系统布置图，生产工艺流程图，混凝土生产及预冷（预热）系统布置图，机电、金属结构安装施工程序、施工方法及施工布置示意图，施工用地范围图，土石方平衡及流向图，筹建期、准备期施工进度图和表，施工总进度图和表，以及施工网络图。

施工组织设计部分还应有专题报告作为支撑性文件，包括施工导（截）流水力学模型试验报告，对外交通运输专题报告，施工期通航水力学模型试验报告，混凝土原材料、配合比及性能实验报告，混凝土坝温度控制专题研究报告及其他专题报告。

9. 建设征地和移民安置

建设征地和移民安置部分的主要内容有概述、建设征地处理范围、实物指标、移民安置总体规划、农村移民安置、城市集镇迁建、专业项目处理、库底清理规划、环境保护和水土保持、临时用地处理与占补平衡分析、补偿费用概算、移民后期扶持和实施组织设计等。

概述部分主要描述工程所在地区的地理位置、工程建设征地涉及地区的行政区划、社会、经济、来源、环境等状况，以及国民经济社会发展规划，并简述征地与移民安置规划设计的工作过程和主要成果。

建设征地处理范围部分主要简述水库淹没区、影响区和枢纽工程区等范围的确定依据、标准、方法和相应成果。一般情况下，建设征地处理范围根据审定的《正常蓄水位选择专题报告》《施工总布置规划专题报告》，并结合可行性研究阶段施工占（用）地范围优化调整情况分析确定。建设征地处理范围包括水库淹没影响区和枢纽工程建设区，而且还应符合 NB/T 10338—2019《水电工程建设征地处理范围界定规范》的有关规定。水库淹没影响范围与批准的《电站建设征地与移民规划大纲》一致，包括水库正常蓄水位以下的区域和水库正常蓄水位以上受水库洪水回水、风浪和船行波、冰塞壅水等影响而临时淹没的区域。水库淹没影响区处理范围根据淹没对象不同，以及不同频率的洪水沿程水面线与安全超高的组合外包线结合库尾处理方式确定。移民安置迁建、专业复建项目用地的范围执行国家和地方规定。

实物指标部分主要简述实物指标调查的方法、时间、组织形式、依据资料等，按照要求分行政区域详细反映实物指标成果，分析建设征地对涉及地区国民经济、社会发展、自然环境的影响程度，说明地区特性、敏感对象、对当地的影响和建议。

移民安置总体规划部分首先需明确该部分内容编制的依据和原则，其次分析确定移民安置任务，规划目标和安置标准，说明总体规划方案意图和规划成果，分析农村移民安置人口，进行移民环境容量分析，提出农村移民安置规划方案，包括方案形成的主导因素、方案比较、移民资源配置、生产措施、基础设施配置等，进行移民生活水平评价预测，对迁建城市集镇提出新址比选的原则和要求，明确迁建城市集镇规划设计所遵循的技术标准和采用的有关技术指标，说明建设征地范围的工矿企业、交通、电力、电信等专业项目淹没和影响情况，确定主要复建、改建或赔偿等项目的处理方案，提出建设征地范围内涉及的文物古迹和矿藏资源的影响情况与处理方案，从技术可行和经济合理的角度出发，研究采取工程防护措施减少淹没影响损失的可行性。

农村移民安置部分以村民小组为单元，提出农村移民生产安置规划成果，以户为单元提出移民搬迁安置规划成果，进行生产安置规划设计。对于有一定规模的土地开发、水利工程和防护工程应提出初步设计成果，进行搬迁安置规划设计。对于有一定规模的移民村庄应提出场地平整、水电、交通、文化、教育、卫生等基础设施的初步设计成果。编制规划投资概算包括移民生产安置规划投资、移民搬迁规划投资、基础设施建设规划投资，提出生产安置规划投资与相应补偿投资的平衡分析成果等内容。移民安置规划方案应广泛听取移民和安置区居民的意见；农村移民生产安置应结合区域经济社会发展现状，在充分征询移民意愿的基础上，多渠道、多形式地恢复移民农业生产或创造其他就业条件。

城市集镇迁建部分须复核确定有关城市集镇迁建规划人口规模，查明新址建设条件，按城市集镇迁建修建性详细规划深度要求和基础设施工程初步设计深度要求，提出城市集镇迁建规划和相应的基础设施初步设计成果，并按规定履行相关规划成果报批程序，说明审批情况。

专业项目处理部分有两种情况。凡是明确复建或改建的专业项目，对于达到一定建设规模的，应按相应专业工程的初步设计深度要求提出迁建规划设计成果，对于规模较小的，反映分析计算迁建所需费用的方法和成果，采用货币补偿的项目，应提出补偿评估报告。拟复建的专业项目处理规划方案应按照"原规模、原标准或者恢复原功能"的"三原"原则，并结合国家有关强制性规定综合分析确定，对原标准、原规模低于国家规定范围下限的，从国家规定范围的下限建设；对原标准、原规模高于国家规定范围上限的，从国家规定范围的上限建设；对原标准、原规模在国家规定范围内的，按照原标准、原规模建设；对国家没有具体规定的，根据建设征地区或安置区实际情况合理分析确定；不需要或难以恢复的专业项目，根据其受影响的实际情况和现状，予以合理的经济补偿。

库底清理规划包括确定库底清理范围、提出库底清理主要技术要求、计算库底清理工程量及库底清理费用4部分内容。保证枢纽工程及水库运行安全，保护水库环境卫生，控制水传染疾病，防止水质污染，同时为水库水域开发利用创造条件，必须在蓄水前对库底进行清理。库底清理项目分为一般清理项目和特殊清理项目。一般清理项目包括建（构）筑物、卫生防疫清理、林木清理和其他清理。

环境保护和水土保持部分应按照有关要求提出移民安置区和专业项目复建或改建工程的环境保护和水土保持规划设计成果和相关费用。相关成果的主要依据是环境影响评价报告和水土保持方案设计报告及相应的批复意见。

临时用地处理与占补平衡分析部分以节约利用土地、合理规划工程占地、尽量减小征地拆迁影响为原则，提出枢纽工程建设区临时用地处理方案，并按照土地开发要求梳理工程初步设计要求，提出临时用地处理规划设计成果，提出耕地占补平衡分析成果。

补偿费用概算部分应详细说明费用概算编制的依据和方法，明确基础价格及取用水平年，编制补偿项目单价，提出补偿实物指标和工程量，说明补偿费用构成和编制方案，提出建设征地移民安置补偿费用概算成果，说明资金平衡分析方法和成果，必要时提出处理建议。

移民后期扶持部分结合地方人民政府和移民的意见提出后期扶持的有关建议，在充分考虑建设征地影响区的经济社会情况、地方风俗习惯、生产生活习惯和资源环境承载能力的基础上，因地制宜，统筹规划。

实施组织设计部分是根据枢纽工程建设进度计划要求，提出建设征地和移民安置实施进度计划，一般要求工程实施前即完成移民搬迁工作。按照建设征地、移民安置和专项复建等项目的实施进度计划，提出相应的分年度投资计划和实施的组织方式，明确有关各方的任务和职责。

建设征地和移民安置部分的主要附图有水库淹没影响区示意图、水库水位淹没实物指标关系图、枢纽工程建设区示意图、移民安置规划示意图。主要附件有有关部门间的协议和文件，经审批的移民安置规划大纲，农村移民安置居民点及配套水利建设、城市集镇迁建、专业化项目迁建、防护工程建设等工程建设设计文件。

10. 环境保护设计和水土保持设计

这部分内容主要是在环境保护专题和水土保持方案设计专题报告及各自批复的基础上作进一步明确。主要内容有概述、环境影响评价、水土保持方案、环境保护措施设计和水土保持措施设计、环境监测规划和水土保持监测、环境管理规划、环境监理、环境保护措施实施组织设计、环境保护专项投资和结论及建议。

概述部分主要简述工程环境影响评价、环境保护和水土保持方案设计过程，以及说明环境保护专题和水土保持方案设计专题报告的主要结论和批复意见。一般包括工程概况、建设征地影响概况、建设征地和移民安置区社会经济概况，以及移民安置规划主要成果。

环境影响评价部分简述工程环境现状及主要环境问题，环境保护目标及环境保护措施。

水土保持方案部分主要描述与水土保持方案设计专题报告中涉及的工程区水土保持现状和水土流失防治方案。枢纽工程防治区分为上库枢纽区、上水库库盆、环库公路、下水库枢纽区、开关站、下水水库库盆、输水系统、地下厂房、水库淹没区等。

环境保护措施设计和水土保持措施设计部分主要包括环境保护措施设计总体设计依据、原则、任务和目标，施工区环境保护措施设计，提出鱼类保护措施的规划设计，珍稀濒危动植物保护规划设计，主体工程水土流失防治责任范围内各防治分区的水土保持措施设计，移民安置区环境保护规划设计，水库区水环境、环境地质、生态环境保护措施和文物古迹保护措施，下游影响区环境保护措施的规划设计及满足其他特殊要求的措施设计。其中，环境保护措施设计任务主要根据工程区环境功能区划要求，针对工程建设可能造成的不利环境影响、环境敏感保护对象情况和保护要求，进行相应的环境保护设计。设计内容包括水环境、环境空气、声环境、陆生生态、水生生态、固体废弃物处理、人群健康、景观规划等，以及环境管理、环境监理和环境监测计划、环境保护投资概算等。从污染物达标排放、满足环境功能区划和减少对保护对象的影响方面进行方案比选，选择合理可行、经济有效的环境保护方案。

环境监测规划部分的主要包括施工期水质监测、蓄水期和运行期水质监测、施工期环境空气监测、施工期噪声监测、陆生生态调查、水生生态调查、电磁环境监测、人群健康监测和移民安置区监测。水质监测包括污染源监测、地表水监测、地下水监测和施工区饮用水质监测。环境空气监测包括敏感点监测、砂石加工和混凝土系统在线监测等。

水土保持监测部分的主要任务是开展工程区内的水土流失背景及现状调查、布设观测场等监测设施，以及日常的水土流失现场调查、监测，进行数据记录整理和分析，对各监测设施和监测设备进行日常维护、整修等。监测时段从工程建设期（含施工准备期和施工期）至设计水平年（运行初期）结束。水土保持监测方法一般有地面监测、调查监测、场地巡查监测和遥感监测4种，以定点地面监测和调查监测为主，场地巡查监测和遥感监测为辅。监测成果以技术报告为主，主要包括监测季报、监测年报和监测总结报告。监测成果应实事求是地反映监测工作有关情况，在对防治责任范围、弃土弃渣、扰动地表、土壤流失量、植被恢复等进行监测的基础上，通过对监测资料的检查核实，真实地反映工程水土流失防治的达标情况，同时对水土流失及防治进行综合评价，提出监测工作中的经验和问题。

环境管理规划部分主要包括外部管理和内部管理两部分：外部管理由地方生态环境主管部门实施，以国家相关法律、法规为依据，确定建设项目环境保护工作达到的相应标准与要求，负责工程各阶段环境保护工作不定期监督、检查；内部管理指投资企业、施工单位和工程运行管理单位执行国家和地方有关环境保护的法律、法规、政策，贯彻环境保护标准，落实环境保护措施，并对工程的过程和活动按环境保护要求进行管理。环境管理工作分为施工期和运行期两个阶段：施工期由投资企业负责，对环境保护措施进行优化、组织和实施，保证达到国家和地方对建设项目环境保护的要求，施工期内部环境管理体系由投资企业、施工单位、设计单位和监理单位共同组成，投资企业和施工单位分级管理，分别成立专职或兼职环境管理机构，对工程建设的环境保护负责；运行期由运行单位负责，对工程运行期的环境保护规划和保护措施进行优化、组织和实施。工程施工阶段及运行阶段均应积极利用信息化、智能化等手段开展项目全过程环境管理。

水土保持措施施工责任为投资企业。在施工准备期开始即应自行或委托有关机构开展水土保持监测工作，委托主体工程施工监理单位或具备水土保持监理资质的单位承担水土保持监理工作。投资企业需成立水土保持管理机构，负责水土保持方案的委托编报和实施工作，以及水土保持监测、水土保持监理、施工建设期间的水土保持管理工作，开工前完成水土保持施工培训。同时，工程监理、承包商等单位也需建立同水土保持管理机构配套的机构和人员，建立健全工程现场统一的水土保持管理体系。工程新增水土保持专项投资列入工程总概算。水土保持工程完工后，主体工程投入运行前，投资企业应接受水行政主管部门的检查，报请水行政主管部门对水土保持设施进行验收。

环境监理部分。由于工程施工期较长，为有效落实施工期各项环境保护措施，根据环境保护要求，应实施环境监理制度，以便对施工期各项环境保护措施的实施进度、质量及实施效果等进行监督控制，及时处理和解决可能出现的环境污染和生态破坏事件。环境监理应按照整体监理、全过程监理、早期介入等原则，落实到工程建设的各个过程中。

环境保护措施实施组织设计部分主要包括实施条件、实施方法和实施进度计划等内容。水土保持措施施工组织设计要求加强施工组织管理与临时防护措施，严格控制施工用地，严禁随意扩大占压、扰动面积和损坏地貌、植被，及时处理开挖土石，禁止随意堆放，临时堆放须采取防护措施，严格控制施工过程中可能造成的水土流失。

环境保护专项投资部分根据《水电工程设计概算编制办法及计算标准》编制。工程环境保护投资可分为枢纽建筑物工程、建设征地和移民安置两部分，包括水土保持工程、水环境保护工程、陆生动植物保护工程、环境空气保护工程、声环境保护工程、生活垃圾处理工程、人群健康保护和环境监测工程等。水土保持工程专项投资包括工程措施费、植物措施费、施工辅助措施费、水土保持监测工程费、独立费（含水土保持监理费）、水土保持补偿费和基本预备费。

环境保护设计和水土保持设计部分的主要图表有环境保护措施总体布局示意图，水土流失防治分区及防治措施总体布局图，废（污）水处理工艺流程图，废（污）水处理设施平面图，渣场工程平面布置及措施布置图，水土保持工程措施布置图，其他工程措施典型设计图，植物措施典型配置示意图，环境监测点位分布示意图，水土保持监测点位布置示意图等；环境保护措施工程量表及实施进度计划表，环境保护专项投资计算总表及附表，水土保持专项投资计算总表及附表。主要附件有环境影响报告书及审查、批复文件，水土保持方案报告书及审查、批复文件，其他重要文件。

11. 劳动安全与工业卫生

根据国家有关法律法规和 NB/T 1103—2022《水电工程可行性研究报告编制规程》、NB 35074—2015《水电工程劳动安全与工业卫生设计规范》，为了贯彻落实"安全第一，预防为主，综合治理"的方针，防止和减少生产安全事故，保护人身和财产安全，使建设工程安全卫生设施符合国家规定的标准，做到和主体工程同时设计、同时施工、同时投入生产和使用，为建设项目设计、施工、监理、运行提供科学依据，并推动工程项目本质安全程度的提高，编制劳动安全与工业卫生部分。

劳动安全与工业卫生部分主要对生产过程中固有或潜在的危险有害因素进行定性或定量分析，提出减免或消除危险有害因素及其发生条件的措施，从而提高工程的本质安全程度，为生产过程中安全管理的系统化、标准化和科学化提供依据，同时为政府监督管理部门实施安全生产综合监督管理提供科学依据。这部分内容主要包括总则、建设项目概况、主要危险有害因素分析、工程安全设计、工程施工期安全卫生、工程运行期安全管理、劳动安全与工业卫生专项投资概算等。其主要危险有害因素分析、工程安全设计与可行性研究阶段专项研究工作中的工程安全预评价成果息息相关。

总则部分主要说明这部分内容编制的目的、基本原则、主要内容、设计范围和主要依据文件。

建设项目概况部分主要结合前面部分的主要成果简述工程概况、地理、水文、地质、工程布置及主要建筑物、机电、金属结构、采暖通风和消防等方面的设计概况，重点突出涉及安全的有关内容，简述工程安全预评价的主要结论及建议。

主要危险有害因素分析。抽水蓄能电站在抽水和发电的过程中不使用、不产生任何有害有毒物质，是一个清洁的能源生产基地。电站建成投产后，不会危害周围环境和电厂职工健康。在落实环境影响报告书提出的各项环境保护措施后，可以减缓工程建设期对环境的不利影响，从环境保护角度考虑项目建设可行性。但电站在长期生产电能的过程中，可能会因自然条件变化及可能出现的运行操作失误等产生一些危害安全、影响卫生的因素，应从枢纽布置和施工总布置、外部环境因素、地质灾害、主要建筑物、设备等角度进行危险有害因素分析。同时从生产过程中的主要危险因素、作业场所的有害因素等方面进行分析。

工程安全设计部分主要包括枢纽场址选择措施、施工总布置措施、自然灾害措施、地质灾害工程措施等内容。在进行工程设计时，对本地区各种自然环境状况进行大量的调查研究和分析计算，如水文气象、区域地质、工程地质与水文地质、地震、各种洪水成因与组成及环境保护等各项基础资料的收集与整理分析等，枢纽总体布置充分考虑电站的实际情况，严格按相关的规程规范要求进行设计，确保工程安全。在进行工程选址和枢纽总布置时，充分考虑不良地质条件、滑坡、滚石、污染源等因素，采用相应防护和处理措施，使危害因素的影响降到最低。

工程施工期安全卫生部分。施工总布置过程中，根据工程枢纽布置、场内外交通和施工场地条件，充分考虑不良地质条件、污染源等因素，进行综合规划布置，并采用相应防护和处理措施，使危害因素的影响降到最低。进一步做好主体工程施工总布置的实施规划工作，总体规划必须体现全局统筹协调的原则，对施工场地的安排在适应现场征地用地条件的同时，对于涉及人身安全的施工营地、施工工厂的场地必须优先考虑规避地质灾害风险，对于临时建筑设施的布置、场地平整设计和施工必须加强排水、防护措施，保证边坡稳定。对于风险较大的施工场地，应开展变形监测工作，并制定和落实应急预警预案，必要时采取避让措施。

同时需结合生产过程和生产作业场所主要危险因素分析结果和工程特点提出具体的安全设计防范措施，说明设置安全标志的场所，明确设置安全标志的类型、图形文字、颜色等的基本原则和要求。

工程运行期安全管理部分是依据可能发生的事故类型、性质、影响范围大小及后果的严重程度的预测结果，结合本单位的实际情况而制定的应急措施，具有一定的现实性和实用性。要制定切合实际的预案必须依据各种确切资料。

劳动安全与工业卫生专项投资概算中的基础单价采用与主体工程投资概算相对应的单价，对于主体工程中没有的项目，可根据实际调查的当地市场价格确定。

12. 节能降耗分析

节能降耗分析部分主要有概述、编制依据和基础资料、工程总体节能降耗作用、施工期能耗种类数量分析和能耗指标、运行期能耗种类数量分析和能耗指标、主要节能降耗措施、节能降耗效益分析和节能降耗附表。概述一般由工程概况、枢纽布置、主要机电设备和辅助设备各系统方案与布置、施工组织设计、电站在电力系统中的地位和作用、主要工程量及工程参数等内容组成。施工期能耗种类数量分析和能耗指标一般包括外来物资运输能耗分析、场内物资运输能耗分析、主体及临时建筑工程施工能耗分析、施工辅助生产系统能耗分析、施工临时建筑能耗、施工管理区及工程建设生活区能耗、工程施工期能耗总量和分年度能耗指标。运行期能耗种类数量分析和能耗指标主要包括水轮发电机组及其附属设备、主厂房桥式起重机与水力机械辅助设备、电气设备、通风空调系统、给排水系统和运行期机电设备能耗分析。主要节能降耗措施分为施工期和运行期两个阶段，施工期主要通过设备选型和方案设计实现节能降耗，运行期主要通过管理手段实现节能降耗。

主体工程施工主要能耗有土石方施工机械能耗、起重运输机械能耗、混凝土施工机械能耗、灌浆机械能耗和机电设备安装能耗等。临时建筑及主体工程施工机械设备主要以油耗设备和电耗设备为主。其中，土石方开挖和填筑项目以油耗设备为主，喷锚支护、灌浆及基础处理、机电设备安装等项目以电耗设备为主，混凝土浇筑项目既有油耗设备又有电耗设备。在分析和统计施工生产过程中设备能耗总量和能源利用效率指标时，以《水电建筑工程概算定额》（2007）、《水利水电设备安装工程概算定额》（2002）及《水电工程施工机械台时费定额》（2005）为计算基础，结合各单项工程的施工方法、机械设备配套产品选型及施工总布置情况计算确定。

施工辅助生产系统由砂石料加工系统、混凝土生产系统、钢管加工及供风系统、供水系统、供电系统等组成，其主要能耗为电和油。

节能降耗分析部分的主要附表有运行期替代常规火电的降耗减排情况表、施工期能耗种类和数量明细表。

13. 设计概算

根据初步设计或技术设计编制的工程造价的概略估算是可行性研究报告的重要组成部分。其特点是编制工作相对简略，无须达到施工图预算的准确程度。一般，经过批准的设计概算是控制工程建设投资的最高限额。投资企业据此编制投资计划，进行设备订货和委托施工。设计概算作为评价设计方案的经济合理性和控制施工图预算的依据，主要有建设项目（如工厂、学校等）总概算、单项工程（如车间、教室楼等）综合概算、单位工程（如土建工程、机械设备及安装工程）概算、其他工程和费用概算等内容。

设计概算的编制取决于设计深度、资料完备程度和对概算精确程度的要求。当设计资料不足，只能提供建设地点、建设规模、单项工程组成、工艺流程和主要设备选型，以及建筑、结构方案等概略依据时，可以类似工程的预算或决算为基础，经分析、研究和调整系数后进行编制；如无类似工程的资料，则采用概算指标编制；当设计能提供详细设备清单、管道走向线路简图、建筑和结构形式及施工技术要求等资料时，则按概算定额和费用指标进行编制。

设计概算部分主要分为编制说明和设计概算表两部分。

编制说明的内容主要有工程概况、投资主要指标、编制原则和依据、项目划分、枢纽工程概算编制、建设征地移民安置补偿费用概算、独立费用、总概算编制、主要经济技术指标和其他需说明的问题。其中，投资主要指标主要包括工程总投资、静态投资、工程建设期利息额度、单位千瓦投资、单位电量投资、首台（批）机组发挥效益时的工程总投资和静态投资等，是项目投资单位进行投资决策的重要考量指标。

设计概算表主要包括工程总概算表、枢纽工程概算表、施工辅助工程概算表、建筑工程概算表、环境保护工程概算表、机电设备及安装工程概算表、金属结构设备及安装工程概算表、建设征地移民安置补偿费用概算表、独立费用概算表、分年度投资汇总表和资金流量汇总表。

设计概算部分的主要附表有建筑工程单价汇总表、安装工程单价汇总表、主要材料预算价格汇总表、施工机械台时费汇总表、主要工程量汇总表、主体工程主要材料用量汇总表、主体工程工时数量汇总表和主要补偿补助及工程单价汇总表。主要附件有枢纽工程概算计算书、建设征地移民安置补偿费用概算计算书、独立费用计算书及其他。

14. 经济评价

经济评价部分主要包括概述、国民经济评价、财务评价、风险分析、区域和宏观经济分析、经济评价结论等内容。

国民经济评价和财务评价的依据是《建设项目经济评价方法与参数（第三版）》（国家发展改革委、建设部发布，2006 年 8 月）、《抽水蓄能电站经济评价暂行规定》（水电水利规划设计总院，2015 年 1 月）、《国家发展改革委关于完善抽水蓄能电站价格形成机制有关问题的通知》（发改价格〔2014〕1763 号）和 633 号文。

国民经济评价采用替代法进行分析，即以替代方案的投资、运行费作为项目的效益，以设计方案的投资、运行费作为项目的费用，计算各项国民经济评价指标，测定项目对国民经济的净效益，评价项目的经济合理性。根据地区能源资源条件和电力发展规划，以及各类电源建设和运行费用的比较分析，选择煤电为替代方案。一般还需对国民经济评价进行敏感性分析，主要对影响设计电站国民经济评价指标的不确定因素（投资、效益等）进行分析，以考察各项因素变化对设计电站经济内部收益率等指标的影响程度。该部分还应说明评价准则，提出国民经济合理性评价结论。

对于财务评价来说，抽水蓄能项目的敏感性因素主要有电站的建设投资、上网容量、上网电量和抽水电价等，应对可能出现的各种因素变化进行敏感性分析，以评估该项目的抗风险能力。

发电总成本包括发电经营成本、折旧费、无形资产及递延资产摊销费和利息支出。其中，发电经营成本包括材料费、工资及福利费、修理费、抽水费、保险费、库区基金、水资源费和其他费用。

抽水电费可根据 633 号文执行。在电力现货市场尚未运行的地方，抽水蓄能电站抽水电量可由电网企业提供，抽水电价按燃煤发电基准价的 75% 执行，鼓励委托电网企业通过竞争性招标方式采购，抽水电价按中标电价执行，因调度等因素未使用的中标电量按燃煤发电基准价执行。抽水蓄能电站上网电量由电网企业收购，上网电价按燃煤发电基准价执行。由电网企业提供的抽水电量产生的损耗在核定省级电网输配电价时统筹考虑。

结合上述内容分析电站电力电量消纳情况，分析市场竞争力，预测销售电价，分析综合利用工程市场竞争力，预测销售价格等，提出工程项目财务可行性评价结论。

风险分析主要辨识影响项目的主要风险因素，评价影响项目成败的关键风险因素，研究提出规避、控制与防范风险的措施。

区域和宏观经济分析主要计算并分析有无本项目时区域经济总量指标、结构指标、社会与环境指标和国力适应性指标。

经济评价部分的主要图表有主要评价指标的敏感性分析图，固定资产投资估算表、投资计划与资金筹措表、总成本费用估算表、损益表、借款还本付息计算表、资金来源与运用表、资金流量表（全部投资和资本金）、资产负债表和经济效益费用流程表。

3.2.3 可行性研究阶段专项工作

专项工作是可行性研究成果的重要支撑工作，在可行性研究报告编制过程中并行开展，有些是可行性研究报告的前提条件，有些是工作依据，还有一些是专题研究，其结论被可行性研究报告引用。这些专项工作也是项目核准过程中必须要做的，会间接影响项目核准进度，如压覆矿产评估和文物调查批复是建设征地实物指标调查报告的必要附件，应在三大专题审定并明确用地范围后陆续启动。

1. 工程场地地震安全性评价

工程场地地震安全性评价指对工程建设场地进行地震烈度复核、地震危险性分析，涉及地震参数的确定、地震区划、场址及周围地质稳定性评价及场地地震危害预测等工作。

根据国家和地方政府防震减灾有关要求，新建、扩建、改建建设工程，应当达到抗震设防要求。30 万 kW 以上的水电厂及其变电站，500kV 以上的枢纽变电站等重大建设工程和可能发生严重次生灾害的建设工程应进行地震安全性评价，并按照经审定的地震安全性评价报告确定的抗震设防要求进行抗震设防。

根据《建设工程抗震管理条例》（国务院令第 744 号）的最新要求，对位于高烈度设防地区、地震重点监视防御区的建设工程，设计单位应在初步设计阶段按照国家有关规定编制建设工程抗震设防专篇，并将其作为设计文件的组成部分。

2. 压覆矿产资源评估

压覆矿产资源评估是实物指标调查的一部分，也是环境影响报告书编制的重要内容，同时也是项目选址和用地预审的重要支撑文件，须报请行政主管部门组织现场调查与评估。压覆矿产资源评估目的是保护和合理利用矿产资源，避免或减少建设项目对矿产资源勘查、开发、利用的不利影响，确保建设项目正常实施及运行。

投资企业在项目选址和用地预审阶段，自行或委托专业技术单位开展压覆矿产资源调查，编制单独选址项目压覆矿产资源调查报告，明确需要压覆的矿产资源。对于确须压覆矿产资源的项目，应委托专业技术单位开展压覆矿产资源评估，编制压覆矿产资源评估报告。对于无须压覆矿产资源的项目，投资企业向县级自然资源主管部门提交正式申请文件、单独选址项目压覆重要矿产资源申请表、压覆矿产资源调查报告。

若建设项目存在压覆重要矿产的情况，须向省级主管部门申请审批（核）登记，投资企业向省级自然资源主管部门提交正式申请文件、单独选址项目压覆重要矿产资源申请表、市或县级自然资源主管部门审核意见、经评审备案压覆评估报告、压覆矿产资源调查报告、压覆矿产资源储量登记书、与矿业权人相关协议（压覆范围与采矿权、探矿权范围重叠涉及矿业权人合法权益的）等，后续流程应经过压覆矿产资源评估（见表 3-3）。

表 3-3　压覆矿产资源评估实施过程

工 作 内 容	责 任 部 门
向省自然资源厅申请压覆重要矿产资源申请函	投资企业
组织专家论证是否同意项目压覆重要矿产资源	省自然资源厅
若同意项目压覆，则编制矿产资源储量分割报告	第三方
储量分割报告送省矿产资源储量评审中心	第三方
各报告评审意见报省自然资源厅进行矿产资源储量备案	省矿产资源储量评审中心
发布储量备案文	省自然资源厅
根据储量备案文号填报压覆重要矿产资源报告书	投资企业
印发同意压覆重要矿产资源文	省自然资源厅

3. 工程现场文物调查评估

文物调查评估是实物指标调查的一部分，也是环境影响报告书编制的重要内容，同时也是项目选址和用地预审的重要支撑文件。工程现场文物调查评估的目的是查明工程建设征地影响的文物古迹，分析工程建设对其造成的影响，提出合理的保护和处理措施。

投资企业在建设项目划定勘察设计红线前，应报请省文物行政部门或者其委托的涉及区域的市人民政府文物行政部门在工程范围内组织从事考古发掘的单位进行考古调查、勘探，并编写评估报告。工程现场文物调查评估实施过程见表 3-4。

表 3-4　工程现场文物调查评估实施过程

工 作 内 容	责 任 单 位
编写文物考古调查评估报告	第三方
组织报告审查	省文物局
出具关于电站建设工程文物保护的意见	省文物局

4. 地质灾害危险性评估

根据《地质灾害防治条例》（国务院令第 394 号）和省地质灾害防治条例及相关要求，规划区（也称评估区）需进行地质灾害危险性评估工作。其目的是通过对评估区工程地质环境条件的调查，查明评估区地质灾害类型和特征，对地质灾害危险性进行现状和预测评估，对工程建设场地土地适宜性进行评价，并提出相应的地质灾害防治措施和建议，为工程建设服务。

5. 水资源论证和取水许可

水资源是否满足供水工程取用水要求是工程建设必备条件之一。水资源论证的目的是根据项目所在区域水资源状况及开发利用情况，分析建设项目取用水的合理性和可靠性，并对建设项目的取、退水影响进行论证，得出合理结论，为项目核准提供支撑性文件。

根据水利部办公厅印发的《关于做好取水许可和建设项目水资源论证报告书审批整合工作的通知》（办资源〔2016〕221号），水资源论证报告书技术审查主要结论应纳入取水许可批复文件，不再对水资源论证报告书单独出具审批意见。

6. 防洪影响评价

防洪影响评价的目的是评价防洪影响是否符合相关规划，分析工程建设对河道洪水产生的影响，提出相应的防治补救措施，为项目核准提供支撑性文件。

7. 水工程建设规划专题论证

水工程建设规划专题论证主要对水工程所在江河（湖泊）基本情况、水工程建设方案、水工程建设规划符合性和水工程建设影响进行分析论证，为相关主管部门签署水工程建设规划同意书提供参考依据。

根据水利部印发的《简化整合投资项目涉水行政审批实施办法（试行）》（水规计〔2016〕22号），将水工程建设规划同意书审核、非防洪建设项目洪水影响评价报告审批归并为"洪水影响评价类审批"。在河道管理范围内建设防洪工程、水电站和其他水工程，以及跨河、穿河、穿堤、临河的桥梁、码头、道路、渡口、管道、缆线、取水、排水等建筑物或者构筑物，应当符合防洪要求、河道专业规划和相关技术标准、技术规范，严格保护河道水域。投资企业应在办理项目批准、核准或者备案前，将工程建设方案报县级以上人民政府水行政主管部门批准。

水工程建设规划专题论证报告内容与防洪影响评价报告内容基本一致，均为满足涉河涉堤建设项目的审批要求。

在三大专题报告编制过程中，对现场进行详勘，提前发现周边水资源布局，分析合理利用方案。

8. 工程安全预评价

工程安全预评价的目的是对工程生产过程中的固有或潜在危险有害因素进行辨识，分析其发生条件和危害后果，并通过对这些危险有害因素的定性或定量分析与评价，确定其危险有害等级或程度，提出消除危险有害因素及其发生条件的措施，从而为工程安全设计提供依据，为工程生产过程中安全管理的系统化、标准化和科学化提供依据。其相关结论是可行性研究报告劳动安全与卫生部分的编制基础。

国家建设项目划分标准规定中的大中型新建、改建、扩建、迁建项目（工程）依法必须实施安全预评价和验收评价。

工程安全预评价部分是根据中华人民共和国安全生产行业标准 AQ 8001—2007《安全评价通则》、AQ 8002—2007《安全预评价导则》、NB/T 35015—2021《水电工程安全预评价报告编制规程》等，由投资企业委托第三方技术咨询服务机构，开展工程安全预评价工作，编制抽水蓄能电站工程安全预评价报告（送审稿），并按评审意见修改完善，提交安全预评价报告（审定本）。主要内容包括辨识和分析抽水蓄能项目可能存在的各种危险有害因素，分析危险有害因素发生作用的途径及其变化规律；根据评价的目的、要求和项目特点、工艺、功能或活动分布，选择科学、合理、适用的定性、定量评价方法，对危险有害因素导致事故发生的可能性及其严重程度进行评价；从项目总布置、功能分布、工艺流程、设施、设备、装置等方面提出项目建成或实施后的安全运行、安全技术措施；从项目的组织机构设置、人员管理、物料管理、应急救援管理等方面提出安全管理措施，及其他安全措施；估算工程整体安全专项投资，包括投资估算编制依据、价格水平年、安全设备设施清单、投资估算等内容；给出项目在评价时的条件下与国家有关法律法规、标准、规章、规范的符合性结论，给出危险有害因素引发各类事故的可能性及其严重程度的预测性结论，明确项目建成或实施后能否安全运行的结论。

工程安全预评价报告一般委托实力较强的设计单位进行编制，项目主体设计单位不得承担工程安全预评价报告编制。

9. 社会稳定性风险评估

社会稳定性风险评估的目的是对项目所在区域的社会概况进行分析，提出风险调查的内容、方法、对象和范围，对风险识别工作进行描述，对项目所在区域的风险进行估计和预判，提出分析防范和化解措施，并提出结论和建议，为项目核准提供支撑性文件，同时为土地报批提供基础性文件。

社会稳定性风险评估报告审查的前提条件为移民安置规划大纲审查通过，其批复成果可作为移民安置规划报告附件。

另外，社会稳定性风险评估报告根据省发改委和省政府有关规定进行报告编制并须取得审查意见。

社会稳定性风险评估报告成果需要以投资企业组建的项目公司为批复主体，尽早完成项目公司注册以利于获取备案文书，并完成社会稳定性风险评估网络公示和现场公示。

10. 环境影响报告书

环境影响报告书是对规划和建设项目实施后可能造成的环境影响进行分析、预测和评估，提出预防或者减轻不良环境影响的措施，并核算环境保护投资。

环境影响报告书成果须上传至地方投资项目在线审批监管平台并经主管部门审批。如遇项目公司注册不及时，应及时协调县相关主管部门支持，提前开展报告编制公示和审查工作，以推进本专题进度。待项目公司注册后，以项目公司名义进行批复。

环境影响报告书涉及的审查审批公示环节较多。

11. 500kV 开关站工程环境影响报告书

按照国家电网公司相关规定，以及省级地方政府对电力系统建设项目的相关规定，500kV 开关站要专门进行选址，并委托专业设计单位设计，并专门进行环境影响评价，一般不得包含在工程项目的环境影响评价工作范围内。这是一项特殊的工作，各省的规定可能不完全相同，开展工作前应了解清楚工作要求与流程。

500kV 开关站属于重污染、高环境风险及严重影响生态的建设项目，由省生态环境主管部门办理建设项目的环境影响报告书、环境影响报告表的审批。根据各省政策要求不同，其主管部门有所不同，如与环境影响报告书主管部门一致，可将 500kV 开关站工程环境影响报告书与主体工程环境影响报告书合并。

500kV 开关站工程环境影响报告书有三次公示，每次公示时间都较长。

500kV 开关站工程环境影响报告书审批期报告公示需以项目公司名义通过网络平台公开拟报批的环境影响报告书和民众参与说明。

12. 水土保持方案

水土保持方案是在调查、分析工程建设区和影响区的水土流失和水土保持现状的基础上，结合项目所在区域自然环境特点和工程建设特点，对工程建设可能造成的水土流失及其危害进行预测、分析，确定水土流失防治责任范围内的防治重点，划分水土流失防治分区，并提出相应的水土流失防治措施，明确水土保持监测的重点时段、重点部位，估算工程建设水土保持投资，完成效益分析。

在施工总布置规划阶段，应结合水土保持相关政策要求，开展现场详调工作，排除制约因素，做到合理规划。

有的项目因林地占用面积较大，要求取得建设项目用地预审与选址意见书、项目使用林地审核同意书（该项工作的前提条件为项目核准）后再行批复。建议在可行性研究阶段即开展上述两项工作，争取满足条件后，第一时间取得批复，避免相互制约，延长水土保持方案批复时间，影响核准后的开工进展。

水土保持方案批复意见应为项目开工的前提条件。有时为确保可行性研究报告成果更合理完善，也会将水土保持方案批复意见作为可行性研究报告评审的前提条件。

13. 工程安全监测设计

工程安全监测设计是为加强水电工程安全监测系统专项设计而进行的管理，可提高水电工程安全监测设计水平。水工建筑物设置安全监测的主要目的是了解在水荷载作用下坝体、输水系统等结构的工作状态，同时为水工建筑物的施工、运行提供辅助依据。

根据《水库大坝安全管理条例》（国务院令第 77 号）第八条规定，兴建大坝必须进行工程观测管理设施的设计。同时，其成果纳入可行性研究报告的工程布置及建筑物部分。

14. 接入系统设计

接入系统设计主要用来论证电站接入系统的方案，确定与电站配套的送出工程项目的系统专题设计。接入系统设计部分可在主体工程开工前完成，可行性研究阶段需提供部分成果参数（如主变压器阻抗电压参数等）作为可行性研究报告相关章节的编制依据。电站接入系统初步设计经电力规划设计总院审查通过后，开展电站接入系统详细设计，继而进行机电设备采购。同时也是电站送出工程可行性研究、工程核准的前提。

接入系统设计的内容和深度应符合 DL/T 5429—2009《电力系统设计技术规程》及电网公司其他现行的规程规范要求。

15. 职业病危害预评价

根据《中华人民共和国职业病防治法》，新建项目可能产生职业病危害的，投资企业在可行性研究阶段应进行职业病危害预评价。

抽水蓄能电站职业病危害预评价部分是在可行性研究报告通过审查后，基于审定的相关内容，由第三方进行编制和组织行业审查，获得评审记录后，向县卫生健康局备案。

职业病危害预评价部分可委托设计单位提前向有资质的单位委托，要求与可行性研究报告同步编写，在可行性研究报告审查后进行完善。

根据相关法律法规，在职业病防治方面，投资企业需要完成三份报告，分别是项目职业病危害预评价报告、项目职业病防护设施设计专篇和项目职业病危害控制效果评价报告。项目职业病危害预评价报告在可行性研究论证阶段完成，项目职业病防护设施设计专篇在开工前完成，项目职业病危害控制效果评价报告在项目竣工后完成。

考虑地方属地化管理需要，建议项目职业病防护设施设计专篇和项目职业病危害控制效果评价报告编制工作提前征求地方主管部门意见，核准后第一时间启动编制工作。

16. 节能评估

抽水蓄能电站在不单独进行节能审查的行业目录中，按规定，投资企业可不编制单独的节能评估报告，可在项目可行性研究报告或项目申请报告中对项目能源利用情况、节能措施情况和能效水平进行分析。另外，节能审查机关对目录中的项目也不再单独进行节能审查，不再出具节能审查意见。

3.3 项目核准企业程序

为了规范政府对企业投资项目的核准和备案行为,加快转变政府的投资管理职能,落实企业投资自主权,国务院令第 673 号要求,自 2017 年 2 月 1 日起施行《企业投资项目核准和备案管理条例》,对关系国家安全、涉及全国重大生产力布局、战略性资源开发和重大公共利益等项目实行核准管理。

具体项目范围及核准机关、核准权限依照政府核准的投资项目目录执行。政府核准的投资项目目录由国务院投资主管部门会同国务院有关部门提出,报国务院批准后实施,并适时调整。

由企业办理项目核准手续的,应向核准机关提交项目申请书;由国务院核准的项目,向国务院投资主管部门提交项目申请书。项目申请书应包括企业基本情况,项目情况(包括项目名称、建设地点、建设规模、建设内容等),项目利用资源情况分析及对生态环境的影响分析,项目对经济和社会的影响分析。

项目申请书由投资企业自主组织编制,核准机关应从下列方面对项目进行审查:是否危害经济安全、社会安全、生态安全等国家安全;是否符合相关发展建设规划、技术标准和产业政策;是否合理开发并有效利用资源;是否对重大公共利益产生不利影响。

3.3.1 项目投资决策

投资企业作为投资主体,以社会资本形式参与抽水蓄能电站投资建设,需要严格遵守国家有关项目投资的政策和法律法规,并依据投资企业内部投资管理制度规定,履行内部投资管理程序。一般情况下,前期立项和投资决策程序要经过项目立项,投资委员会投票,总经理办公会研究,党委会决策,董事长办公会决策,董事会决议决策。

1. 前期立项

项目投资企业以预可行性研究成果为基础组织编制项目前期立项相关资料,并及时向投资企业投资主管部门提出项目前期立项申请,企业逐级决策。前期立项通过是开展可行性研究阶段可行性研究及核准专题研究等工作的依据。

2. 投资决策

在投资决策前,应完成可行性研究报告,由企业投资主管部门和行业主管部门组织技术经济投资评审。

可行性研究报告与可行性研究报告审查意见是投资决策请示的必要支撑文件。

项目投资企业负责准备投资决策请示相关资料，包括投资决策请示、项目公司内部评审文件、投资项目专项风险评估报告。

投资决策请示报告中应重点阐述项目建设必要性、经济效益评价和风险分析，提供充分的同类工程类比情况分析。

3.3.2　项目赋码

根据《企业投资项目核准和备案管理办法》（国家发展改革委令第 2 号），项目核准、备案机关及其他有关部门统一使用在线平台生成的项目代码办理相关手续。项目通过在线平台申报时，生成作为该项目整个建设周期身份标识的唯一项目代码。项目的审批信息、监管（处罚）信息及工程实施过程中的重要信息，统一汇集至项目代码，并与社会信用体系对接，作为后续监管的基础条件。全国投资项目在线审批监管平台由中央平台和地方平台组成。中央平台负责管理由国务院及其相关部门审批、核准和备案的项目；地方政务服务网投资项目在线审批监管平台属于项目所在省的地方平台，负责管理省境内的省、市、县（市、区）三级审批、核准、备案的项目。

以浙江天台抽水蓄能电站项目为例。

天台抽水蓄能项目公司成立后，在浙江政务服务网投资项目在线审批监管平台进行项目立项申请，经浙江省发展和改革委员会审批并赋码。此码将作为该项目整个建设周期身份标识的唯一项目代码。

项目赋码对象应为项目公司，在环境保护、水土保护、社会稳定和项目选址与用地预审等审查审批过程中，均以项目立项为前提。项目立项申请应在项目公司注册后第一时间启动，相关信息可基于阶段成果填报，后续可按照相关要求申请变更。

项目立项申请填报信息中的建设内容应和项目选址与用地预审功能分区保持一致，以防自然资源主管部门在审核项目用地时认为立项依据不充分。

申请赋码及赋码基本信息的变更均须经过省发展和改革委员会新能源处审核。确需变更修改时，建议提前沟通。

3.3.3　抽水蓄能电站项目核准

1. 核准一般规定

为落实企业投资自主权，规范政府对企业投资项目的核准和备案行为，实现便利、高效服务和有效管理，依法保护企业合法权益，依据《行政许可法》《企业投资项目核准和备案管理条例》等有关法律法规，国家发展和改委员会制定了《企业投资项目核准和备案管理办法》，自 2017 年 4 月 8 日起施行。

管理办法规定，县级以上人民政府投资主管部门对投资项目履行综合管理职责。县级以上人民政府其他部门依照法律法规规定，按照本级政府规定职责分工，对投资项目履行相应管理职责。

管理办法还明确，对于项目的市场前景、经济效益、资金来源和产品技术方案等，应依法由企业自主决策、自担风险，项目核准、备案机关及其他行政机关不得非法干预企业的投资自主权。

为了方便管理，项目通过在线平台申报时，生成作为该项目整个建设周期身份标识的唯一项目代码，相当于居民身份证号码，具有唯一性、可识别性和信息存储功能性。项目生命周期中所有信息可通过项目代码查询。项目核准、备案机关及其他有关部门统一使用在线平台生成的项目代码办理相关手续。项目的审批信息、监管（处罚）信息，以及工程实施过程中的重要信息，统一汇集至项目代码，并与社会信用体系对接，作为后续监管的基础条件。

企业投资建设固定资产项目，应遵守国家法律法规，符合国民经济和社会发展总体规划、专项规划、区域规划、产业政策、市场准入标准、资源开发、能耗与环境管理等要求，依法履行项目核准或者备案及其他相关手续，并依法办理城乡规划、土地（海域）使用、环境保护、能源资源利用、安全生产等相关手续，如实提供相关材料，报告相关信息。

2. 核准文件组成

管理办法对项目核准申请文件的格式、内容的编制和报送有明确要求。

投资企业办理项目核准手续，应按照国家有关要求编制项目申请报告，内容包括：项目单位情况；拟建项目情况，包括项目名称、建设地点、建设规模、建设内容等；项目资源利用情况分析及对生态环境的影响分析；项目对经济和社会的影响分析。

投资企业在报送项目申请报告时，应根据国家法律法规附具以下文件：城乡规划行政主管部门出具的选址意见书（仅指以划拨方式提供国有土地使用权的项目）；国土资源（海洋）行政主管部门出具的用地（用海）预审意见（国土资源主管部门明确可以不进行用地预审的情形除外）；法律法规规定的需要办理的其他相关手续。

3. 核准基本程序

抽水蓄能电站为省级地方政府核准的项目，项目核准机关为省发展和改革委员会，一般向省能源局报送项目申请报告。

核准基本程序为：根据预可行性研究审查意见，开展可行性研究工作，获得审查意见，根据可行性研究审查意见和有关政府主管部门的意见，向省发展和改革委员会提交项目（核准）申请报告。投资企业向省能源局上报项目（核准）申请报告，省人民政府根据核准要求核准项目。在可行性研究报告审查通过后，投资企业要以报告成果为基础，根据审查意见编制项目申请报告，向省级能源局申报核准，获得批复后，项目即可进入主体工程施工阶段。

项目核准的关键线路直接影响项目核准进度，因各环节间有行政审批的线性逻辑关系，即前一环节的批复是启动后一环节审查的必要条件，故应高度重视、合理统筹、保障进度。

正常蓄水位选择专题报告、施工总布置规划专题报告、枢纽布置格局专题报告三大专题报告作为可行性研究阶段最前端的基础性工作，为实物指标调查工作大纲与报告、建设征地移民规划大纲与报告等的编制提供工作范围。

正常蓄水位选择专题报告通过技术经济综合比较推荐正常蓄水位方案，提出水库泥沙淤积和回水计算成果，并在此基础上提出上下水库淹没处理范围。

施工总布置规划专题报告通过合理规划规定工程建设区用地范围和用地性质。

审查通过的正常蓄水位选择专题报告与施工总布置规划专题报告是工程所在地省级人民政府发布《关于禁止工程占地和淹没区新增建设项目和迁入人口的通告》（简称禁建通告）和开展实物指标调查的重要依据，同时也是开展建设征地补偿、移民安置、环境保护和水土保持等专题研究的前提。

枢纽布置格局专题报告主要根据工程区地形地质条件，针对各种可行的枢纽布置方案，从水能利用、地质条件、施工工期、施工占地、工程投资和运行条件等方面，结合必要的试验研究成果，进行综合比较论证，选定推荐的枢纽布置方案。这是可行性研究阶段工作的基础之一。

三大专题报告（审定版）是可行性研究与核准工作的基础。在取得地方政府的支持时，正常蓄水位选择专题报告和施工总布置规划专题报告通过审查后，即可根据审定的项目用地范围提前开展实物指标摸底调查准备工作，以节省调查时间。

在施工总布置规划专题报告中确定建筑物布置和用地范围时，应高度重视环境保护和水土保持要求，开展详勘工作，尽量避让相关敏感因素，以免"一票否决"。

移民安置规划应从建设征地实物指标调查开始，包括调查大纲（工作方案）的编制和审查，调查报告的成果公示和认定，安置大纲的编制与审查，安置规划报告的编制与审查等。每一个环节都要完成严格的程序，遵守相关法律法规要求。

项目（核准）申请报告由投资企业组织编写，除了报告主体部分，还需要一系列支撑文件，其中，建设项目土地使用预审报告和移民安置规划报告是最重要的附件。

取得项目核准文件的项目，有下列情形之一的，项目投资企业应及时以书面形式向原项目核准机关提出变更申请：建设地点发生变更的；投资规模、建设规模、建设内容发生较大变化的；项目变更可能对经济、社会、环境等产生重大不利影响的；需要对项目核准文件规定的内容进行调整的其他重大情形。

4. 建设征地及移民安置规划

建设征地及移民安置规划是抽水蓄能电站核准的必备工作，一般要经过实物指标调查和移民安置规划两个阶段的工作。在进行实物指标调查工作前，编制调查细则并获得省移民主管部门同意，在施工总布置方案审查通过后，即工程建设征地范围确定后，当地省人民政府发布禁建令，然后开始实物指标调查，按照细则要求对调查结果公示和认定。在实物指标调查完成后，进行安置规划，但需要经过大纲编制和审查、安置报告编制和审查，由移民工作主管部门出具审查意见，作为核准文件的组成部分。

（1）建设征地实物指标调查工作大纲。

实物指标是指建设征地处理范围内的人口、土地、建（构）筑物、其他附着物、矿产资源、文物古迹等实物对象。实物指标调查的主要任务是根据现行水电工程建设征地移民安置相关政策，结合规范要求的各类影响对象的处理方式，查清拟处理实物对象的类别、数量、质量、权属和其他属性。经审定后的建设征地实物指标调查工作大纲将作为开展可行性研究阶段建设征地实物指标调查工作的规范性文件，为拟定移民安置规划方案、编制移民安置规划大纲和开展移民安置规划设计工作提供客观、真实、准确的依据。

根据《大中型水利水电工程建设征地补偿和移民安置条例》（国务院令第471号发布、国务院令第679号修订），工程占地和淹没区实物调查由项目主管部门或者项目法人会同工程占地和淹没区所在地的地方人民政府实施。

建设征地实物指标调查工作大纲（送审稿）上报省政府的前置条件是三大专题报告取得水电总院审查意见。

建设征地实物指标调查工作大纲为实物指标调查的指导性文件，地方意见的征集工作尤为重要，是实物指标调查及后续工作顺利开展的基础，各部门各乡镇需沟通充分并出具书面意见，地方政府需出具确认意见。

在进行实物指标调查工作时，可开展动员大会及政策宣讲工作，以获得地方老百姓的支持。此外，需要取得相关主管部门行政审批的矿产压覆评估、文物调查评估和地质灾害危险性评估（一般在本阶段开展）。

在县政府及相关主管部门支持的前提下，联合设计单位在本阶段启动实物指标摸底调查工作，有助于加快下一阶段的实物指标调查工作的推进。

（2）禁建通告。

通常，禁建通告的停建范围说明和工程占地区红线图以三大专题报告审定的项目用地范围为依据，但有的省份以预可行性研究报告审定的项目用地范围为依据。在开展项目前期工作时，应主动与相关主管部门沟通交流，明确要求。

根据《大中型水利水电工程建设征地补偿和移民安置条例》（国务院令第471号发布、国务院令第679号修订），实物指标调查工作开始前，工程占地和淹没区所在地的省级人民政府应发布通告，禁止在工程占地和淹没区新增建设项目和迁入人口，并对实物指标调查工作作出安排。

禁建通告申请须与审定后的调查工作大纲成果一并上报。省政府受理后，开始审批印发流程。

（3）建设征地实物指标调查及调查成果。

按相关政策要求，实物指标调查工作在禁建通告发布后正式启动，调查成果将形成实物指标调查报告，其中，矿产压覆评估和文物调查评估结果作为实物指标调查报告的成果之一。该报告需进行三榜公示并取得县政府、各相关部门、乡镇村等确认证明，作为下个阶段建设征地移民安置规划大纲的支撑材料。

建设征地实物指标调查以《大中型水利水电工程建设征地补偿和移民安置条例》（国务院令第 471 号发布、国务院令第 679 号修订）和《××抽水蓄能电站建设征地实物指标调查工作大纲》为依据。

在摸底调查过程中及时整理调查成果，以相关方签字或盖章固定成果，待禁建通告下达后，可在成果复核过程中再签署日期，形成有效文件。

在禁建通告下达前，协调地方政府各部门完成内部审查和意见征集等工作，并形成文字材料；在禁建通告下达后，及时出具正式书面意见，缩短调查报告完成时间。

充分做好政策解读、宣传及成果复核工作，提前协商可能出现的争议，争取在调查成果公示期间不会收到复核申请表，从而实现"三榜变一榜"，缩短公示时间。

本阶段要求设计单位同步开展建设征地移民安置规划大纲编制工作。

（4）建设征地移民安置规划大纲。

建设征地移民安置规划大纲的主要内容包括移民安置的任务、去向、标准和农村移民生产安置方式及移民生活水平评价和搬迁后生活水平预测、水库移民后期扶持政策、淹没线以上受影响范围的划定原则、移民安置规划编制原则等。

根据《大中型水利水电工程建设征地补偿和移民安置条例》（国务院令第 471 号发布、国务院令第 679 号修订），已经成立项目法人的大中型水利水电工程，由项目法人编制移民安置规划大纲，按照审批权限报省、自治区、直辖市人民政府或者国务院移民管理机构审批。

协调设计单位在收集省级各部门意见时，同步修改完善规划大纲，尽快形成规划大纲（审定本）提交水电总院，及时启动水电总院核定意见审核签发流程（核定意见签发前，最好取得省级各部门书面意见）。

在核定意见印发前，省级各部门的书面意见出具周期可能较长，应提请县相关部门加大对上级主管部门协调力度，以缩短核定意见印发时间。

本阶段可要求设计单位同步开展建设征地移民安置规划报告编制工作。

此外，建议本阶段完成项目公司注册。

建设征地移民安置规划大纲批复流程需流转至分管副省长审签、省长签发环节，难以预估流程时间，需注意预留时间。

本阶段应提前开展移民意愿调查，为建设征地移民安置规划报告编制创造条件。

（5）建设征地移民安置规划报告。

建设征地移民安置规划报告的主要内容包括工程建设征地范围、建设征地实物指标、移民安置总体规划、农村移民安置规划设计、专业项目复建规划设计、水库库底清理设计、环境保护和水土保持规划设计、临时用地复垦规划设计、项目用地分析及耕地占补平衡、建设征地移民安置补偿费用概算等。

根据《大中型水利水电工程建设征地补偿和移民安置条例》（国务院令第 471 号发布、国务院令第 679 号修订），已经成立项目法人的，由项目法人根据经批准的移民安置规划大纲编制移民安置规划报告。大中型水利水电工程的移民安置规划，按照审批权限经省、自治区、直辖市人民政府移民管理机构或者国务院移民管理机构审核后，由项目法人或者项目主管部门报项目审批或者核准部门，与可行性研究报告或者项目申请报告一并审批或者核准。

5. 用地预审与选址意见书

取得建设项目用地预审与选址意见书是后续进行用地和土地报批的基础，也是项目核准的必要前提条件。

抽水蓄能电站用地预审与选址意见论证报告编制完成后，取得省自然资源厅预审复函意见，并由市自然资源和规划局核发用地预审与选址意见书。用地预审与选址意见论证实施过程见表 3-5。

表 3-5　用地预审与选址意见论证实施过程

序号	工 作 内 容	责 任 单 位
1	用地预审与选址意见报告编制	第三方
2	立项依据获取《抽水蓄能中长期发展规划（2021—2035 年）》	国家能源局
3	召开用地预审与选址意见论证会	省自然资源厅
4	根据专家意见修改报告	第三方
5	论证报告成果备案	第三方
6	纸质件上报县自然资源部门审查	第三方
7	上报市级自然资源部门审查	县自然资源和规划局
8	上报省自然资源厅审查，并由省自然资源厅提交预检	省自然资源厅
9	通过预检，提交处室会商	省自然资源厅
10	处室会商完成	省自然资源厅
11	通过厅长办公会	省自然资源厅
12	取得预审复函意见，核发意见书	省自然资源厅、市自然资源和规划局

对于省市县用地指标不足需要国家统筹的，项目应纳入国家"十四五"规划或重点项目清单。由于抽水蓄能中长期发展规划的重点项目清单为保密件，因此需要经多方协调，通过线下流程取得预审复函意见和用地预审与选址意见书。

在用地预审与选址意见报告编制过程中，应与省自然资源厅相关科室充分沟通。

整个过程项目公司应全程参与。

尽早完成委托事项，在三大专题报告编制过程中，用地预审与选址意见编制单位深度参与，对用地范围和功能分区进行政策把关，以利于施工总布置既满足技术要求又满足政策要求，避免反复。

3.4　开工准备

只有符合以下条件的项目才可开展施工准备工作：项目已履行完投资企业相关内部评审及投资决策程序，并履行完备案程序；基建项目已列入国家或地方发展规划或建设计划；项目预可行性研究报告、可行性研究报告已通过审查，招标设计、重大技术专项已通过公司组织的评审；取得国土资源行政主管部门出具的项目用地预审意见、环境保护行政主管部门出具的环境影响评价文件的审批意见及根据有关法律法规应提交的文件；完成项目申请报告上报，取得项目的核准批复；列入投资企业年度投资计划。

3.4.1　工程筹建

工程筹建的主要工作内容为通路、通水、通电、通信，生活营地、场地平整等，此外，还包括施工变电站及 10kV 出线、炸药库、油库等的建设，组织机构设立，制度建设等。

开展工程筹建工作的前提是项目核准通过。在当前形势下，企业应加快速度，将筹建工作与可行性研究工作平行推进。工程筹建项目需要科学决策，创新方法，合规合法，合情合理。在工程筹建期，可行性研究设计及项目核准毫无疑问是重中之重，适时开展影响主关键线路的项目施工，对电站早建成可起到事半功倍的作用。这个阶段衔接的是前期工作与工程实施阶段的工作，随着工程方案的不断明确，应研究建设管理实施方案，包括编制实施规划、制定管理政策、加大技术储备、开展前瞻性研究关键技术问题、培训高级管理人员，提出项目管理指导思想，建立健全管理过程的体制机制，确定行事原则，规定工作标准，选择工作方法等。

3.4.2　工程准备

工程准备工期内可进行施工辅助设施的建设，比如，导截流工程、场内道路、施工临时设施。常规水电工程准备工作主要是建设导截流工程。施工辅助设施包括砂石混凝土系统、缆机、金结加工厂、仓库设施、机械修配厂等。

1. 开工准备工作清单

抽水蓄能电站开工准备清单包括开工行政审批事项、征地移民工作、开工必备条件及招标工作和准备工作（见表 3-6）。

表3-6　抽水蓄能电站开工准备清单

序号	工程名称	工作要求	主管部门
一	开工行政审批事项		
1.1	建设工程规划许可证	土地主管部门申请	城乡规划行政主管部门
1.2	建设工程施工许可证	所在地县级以上人民政府申请	建设行政主管部门
1.3	开工项目建设用地规划许可证、土地使用权证	所在地县级以上人民政府申请	建设行政主管部门
1.4	应急预案报备、安全监督报备、消防备案	业主营地、施工营地	省能源监管办公室、县消防工作办公室
1.5	质量监督报备	开工后20天内报备	住房和建设局
1.6	投资单位投资决策立项	含投资决策请示报告和可行性研究报告	投资企业
1.7	开工申请	内部程序	投资企业
1.8	项目核准	—	投资企业和省发展和改革委员会
1.9	项目公司注册	工商局申请	县行政审批局审批
二	征地移民工作		
2.1	政策处理协议	提前开展征地拆迁和青苗赔偿工作	
2.2	永久征地规划与手续办理	上下水库	
2.3	临时用地规划与手续办理	中转料场、表土堆放料场等	
2.4	首批开工建设用地范围内的障碍物拆迁工作	房屋、线杆、电缆、树木等，施工用地附着物清理	
三	开工必备条件及招标工作		
3.1	内部审批		
3.1.1	施工规划报告	工程管理总体策划里程碑进度计划和一级进度计划	投资企业
3.1.2	项目划分	质量监督部门备案	监理单位
3.1.3	首批开工项目	通风洞、交通洞、进场公路、营地等	县拆迁主管部门
3.1.4	第一批图纸提供	图纸审查	设计单位
3.1.5	施工组织设计审批	监理审批	施工单位
3.1.6	监理开工令	监理规划审查，召开第一次工地例会，并签署工程质量终身责任承诺书	监理单位
3.2	招标工作		
3.2.1	技施设计招标	主设备进场	

序号	工程名称	工作要求	主管部门
3.2.2	工程监理招标	主体工程监理	
3.2.3	专项监理招标	爆破、环境保护和水土保持、移民综合监理	
3.2.4	主体工程招标	C1、C2标招标进场	
3.2.5	爆破监测技术服务	爆破手续办理	
3.2.6	质量监督技术服务		
3.2.7	甲供主材采购招标		
四		准备工作	
4.1	保通路施工完成		
4.2	施工用电接线点到位	10kV接线点到位	
4.3	通风设备安装到位		
4.4	营地建设工作		
4.5	试验室、拌和站建设及试验设备进场准备		土建单位
4.6	进场人员资质审查及公司工程开工资料报验准备工作	建筑市场准入与审查	
4.7	所需开工资料表格及监理进场准备工程开工准备	内业管理，监理单位进场开展工作	
4.8	开工仪式场地准备		
4.9	开工仪式准备	开工典礼	投资企业

2. 开工报告

在项目通过核准，完成施工准备工作后，符合主体工程开工条件的项目，项目单位按要求编制项目开工报告，经项目公司审核后报投资企业审批。

项目主体工程开工的外部条件：

项目通过核准或完成备案手续，已按规定获得环境影响评价报告书（表）和水土保持方案的批复及其他开工前必须取得的行政许可；

项目开工需要的资金、人员、材料、设备、电力供应、外部协作条件及送出等同步配套工程已经落实；

施工图能满足工程进度的需要，设计单位已提交全部图纸或当年开工的单项工程施工图纸及交图计划；

项目责任单位已通过招标方式择优选定了设计、施工、监理、设备供应单位，并已签订合同或协议；

项目征地、搬迁和施工场地"三通一平"等工作已经完成，主体工程（或控制性工程）施工准备工作已经完成；

项目施工组织设计或主要施工方案已经编制完成，并通过评审；

项目质量、安全监督单位已经确定，并办理完工程质量、安全监督手续；

取得开工项目建设用地规划许可证、建设工程规划许可证、土地使用权证及施工许可证等，或当地政府认可的具有同等效力的文件。

3. 使用林地可行性研究报告

使用林地可行性研究在用地预审与选址意见书完成后进行。使用林地可行性实施过程见表3-7。

表3-7　使用林地可行性实施过程

序号	工 作 内 容	责 任 单 位
1	项目使用林地可行性报告技术服务方案编制	设计单位
2	实地外业调查工作	设计单位
3	使用林地可行性研究报告编制	设计单位
4	组织专家评审，根据专家意见修改并形成最终成果	设计单位、投资企业
5	林地可行性研究报告报批	设计单位、投资企业
6	取得批复	国家林草局

使用林地可行性研究报告报审报批流程在项目核准完成后进行。

4. 土地报批

抽水蓄能电站的土地报批有以下特点：建设项目水库淹没影响区和枢纽工程建设区用地规模大，选址特殊，难以避让耕地，特别是永久基本农田；项目涉及审批要素多、修改方案多；项目用地报批时间紧，项目土地预审到农转用批准时间跨度大；测量涉及地形多，征地分户测量地类多，面积大。以上特点导致审批时间较长，使得耕地占补平衡和永久基本农田补划压力大。

土地报批的主要内容有土地预审、先行用地、勘测定界及林地土地报批。其中：土地预审主要工作是编制土地预审与项目规划选址意见书及相关组件，并取得批复文件；先行用地是在土地占补平衡等未完成，无法正式办理用地报批手续的情况下，提前使用部分预审报批范围内土地；勘测定界主要工作是现场勘测定界测量、分户测量、编制勘测定界报告；林地土地报批主要工作是编制土地利用规划调整方案、永久基本农田补划方案、用地指标申请、标准农田补划方案、粮食生产功能区补划方案、表土剥离方案等，并取得土地使用批复文件。

结合各阶段合理工期，梳理建设用地报批工作清单（见表3-8）。需要说明的是，先行用地可以保障主体工程尽早开工。

表 3-8　建设用地报批工作清单

专题	序号	工 作 内 容	责 任 单 位	备 注
核准文件	1	取得项目核准文件	投资企业	
先行用地	2	确定先行用地红线	设计单位	1. 先行用地上报数量不超过总面积20%； 2. 须明确每块用地工点名称及上报里程桩号； 3. 预审报批范围线内不得动工，否则不允许申报先行用地； 4. 先行用地范围涉及的永久基本农田不超过预审批复范围，不得超过生态保护红线
	3	完成先行用地勘测定界成果	编制单位	
	4	完成先行用地林地批复	林业编制单位	
	5	完成先行用地报批示意图	自然资源部门、编制单位	
	6	投资企业关于申请先行用地的请示	投资企业、编制单位	
	7	投资企业关于做好先行用地相关工作的承诺	投资企业、编制单位	
	8	取得村证明	投资企业、编制单位	
	9	使用国有土地补偿安置表	投资企业、编制单位	
	10	补偿支付凭证	投资企业	
	11	完成先行用地林地审批	林业部门、编制单位	
	12	县自然资源规划局出具的先行用地征地补偿和安置途径的说明	自然资源部门、投资企业、编制单位	
	13	县自然资源规划局关于先行用地的意见	自然资源部门、投资企业、编制单位	
	14	县级人民政府关于做好先行用地相关工作的承诺	县级政府、投资企业、编制单位	
	15	通过县自然资源规划局纸质件审查并上报	自然资源部门、投资企业、编制单位	
	16	通过市自然资源局审查，出具审查意见	自然资源部门、投资企业、编制单位	
	17	取得市政府关于做好先行用地工作的承诺	自然资源部门、投资企业、编制单位	
	18	上报省自然资源厅预检，并通过技术性审查	自然资源部门、投资企业、编制单位	
	19	通过省自然资源厅审查	自然资源部门、投资企业、编制单位	
	20	通过厅长办公会	自然资源部门、投资企业、编制单位	
	21	完成签批，并取得批复	自然资源部门、投资企业、编制单位	

专题		序号	工作内容	责任单位	备注
施工图		22	提供施工图用地红线	设计单位	
勘测定界		23	完成土地勘测定界成果	自然资源部门、编制单位	
边桩放样		24	前期已完成，红线修改后将修改的地方现场重发	编制单位	
分户测量		25	分户工作时长20天	自然资源部门、乡镇、编制单位	
林地报批		26	已有红线范围的外业调查	县级林业部门、编制单位	红线最终确定，无大的变动
		27	外业调查数据整理及林地保护等级调整方案编制		
		28	完成林地保护等级调整		
		29	完成组件上报县级审查		取得核准文件后方可上报
		30	报省林业局审查		
		31	获得省林业局批复		
土地报批	粮食生产功能区调整	32	确定粮功区补划地块	乡镇、投资企业、农业农村部门、编制单位	1. 与乡镇、农业农村部门协调，尽早确定粮食生产功能区补划地块和粮食功能区调整地块，并通过省农业农村厅组织专家验收； 2. 方案需报省人民政府审批，时间周期长
		33	报县农业农村部门审查		
		34	报市政府审核		
		35	报省农业农村部门审查		
		36	省人民政府批复		
	标准农田占补	37	落实标准农田占补指标	自然资源部门、农业农村部门、投资企业、编制单位	确定符合要求的标准农田指标
		38	编制标准农田占补方案		
		39	通过县自然资源部门审查		
		40	通过县农业农村部门审查		
		41	通过市自然资源部门、市农业农村部门审查		
	落实耕地占补平衡	42	完成耕地占补平衡系统录入，生成挂钩单	自然资源部门、投资企业	1. 要求落实平衡耕地数量、水田指标、标准粮食产能3类指标核销； 2. 补划方式有4种：可以通过本地落实指标补划；可以通过申请省自然资源厅统筹补划；可以通过异地调剂补划（可以跨县、市）；可以通过申请国家统筹补划（时间跨度较长，一般一年左右完成）

续表

专题	序号	工作内容	责任单位	备注
征地协议签订	43	征收启动公告、征收启动公告回执及张贴		1. 红线基本稳定，不会涉及镇、村的减少或增加； 2. 青苗及地上附着物调查表和集体土地使用权调查表需要与上报的土地勘测定界成果保持一致，并经村集体确认； 3. 征收启动公告需公示10个工作日（主线已发），在乡镇、村、小组进行三级张贴，并填写土地征收启动公告回执及张贴情况表，盖章、签字并附张贴照片； 4. 土地现状调查表和征地补偿安置方案需随征地补偿安置公告一并发布，公示30个自然日，在乡镇、村、小组进行三级张贴，并填写土地补偿安置公告回执及张贴情况表，盖章、签字并附张贴照片； 5. 征地需到户，签约率须达到92%以上；房屋搬迁协议需全部签完
	44	征收土地社会稳定风险评估备案表		
	45	土地现状调查成果（土地勘测定界成果、青苗及地上附着物调查表、集体土地使用权调查表）	乡镇	
	46	征地补偿安置公告、征地补偿安置方案、征地补偿安置公告回执的函、征地补偿安置公告回执及张贴	乡镇、统一征地办公室	
	47	征地补偿登记情况表或说明	乡镇、统一征地办公室	
	48	会议纪要	乡镇、统一征地办公室	
	49	征地补偿安置协议、土地承包协议、房屋征收协议	乡镇、统一征地办公室	
指标额度申请	50	提交额度申请	自然资源部门、编制单位	红线稳定，勘测定界成果定稿；取得额度码后，红线坐标不可再发生变化
	51	取得额度码		
土地报批	52	使用国有土地补偿安置表	自然资源部门、投资企业、编制单位	1. 规划额度指标、耕地、标准农田占补指标； 2. 所有前置批复材料和标准农田占补方案批复手续齐全； 3. 需完成主线及安置地征地工作，征地材料齐全
农转用组件上报	53	行政审批系统农转用信息及分村地块录入		
	54	实地踏勘信访表		
	55	现状、规划局部图		
	56	社保表		
	57	一书四方案、县级审查报告等方案编制		
	58	永久基本农田补划方案编制		
	59	一书四方案、县级审查报告签字、盖章		

续表

专题		序号	工 作 内 容	责 任 单 位	备 注
土地报批	农转用组件上报	60	系统上报市局组件		
		61	通过市级审查，取得市级审查报告、市政府请示，系统上报省自然资源厅		
		62	取得批复		

5. 林地报批

项目分阶段多批次编制项目使用林地可行性报告和林木采伐作业设计书，满足项目建设用地需要的使用林地行政许可和林木采伐许可，防止发生违法使用林地和违法采伐林木、古树名木等情况，保证项目顺利推进。

林地报批分为临时用地报批和长期用地报批。

林地临时用地报批一般分批次进行，每次报批流程相同。林地临时用地报批流程见表3-9。

表3-9　林地临时用地报批流程

工作内容	工 作 要 求	备 注
准备	成立领导小组和使用林地现状调查小组，讨论制定工作方案和相关细化方案	
收集资料	收集相关材料（可与调查同步进行）	多次收集
实地调查	组织开展实地外业调查工作；开展走访调研工作；外业调查阶段同步完成有关调查成果录入、图形数据拓扑检查和属性数据逻辑检查等内业工作	分多次开展
林地保护等级调整	局部地块林地保护等级调整报告编制和申报批准等，县林业局受理（1~2日）、查验（1~4日），申请县政府办理（7~14日）	多次编制
成果编制	根据调查结果，开展使用林地现状调查评价工作，包括文本撰写、矢量数据库建立、上传、附图制作等	多次编制，每次重复相同步骤
组织评审	组织评审，根据专家意见修改并形成最终成果	根据需要
成果提交	成果提交前有修改、审查、再修改等15个步骤	多个报告
林地可行性研究报告报批	县林业局受理（1~2日）、查验（1~4日）、公示（5日）、办理（1~3日）	报市林业局会增加15日，如有自然保护地，则时间还需增加
林木采伐设计编制	在林地可行性研究报告经县林业局公示结束后，开展林木采伐调查、编制工作	
林木采伐证	县林业局受理（1~2日）、查验（1~4日）、公示（10日）、办理（1~3日），若报省级或市级林业局，则增加15日	报省级或市级林业局增加15日

林木采伐证有效期只有一年，林地长期用地面积较大，一般情况下，报批方式采用林地可行性研究报告整体报批、分批办林木采伐证的方式。林地长期用地编制工作

清单见表 3-10。

表 3-10　林地长期用地编制工作清单

序号	工 作 内 容	责任单位	备　注
1	已有红线范围的外业调查	林业编制单位	
2	外业调查数据整理及林地保护等级调整方案编制	林业编制单位	
3	局部地块林地保护等级调整审批	县林业主管部门、林业编制单位	
4	使用林地可行性研究报告方案编制	林业编制单位	
5	组织评审	投资企业、林业编制单位	组织评审，根据专家意见修改并形成最终成果
6	完成使用林地可行性研究报告组件并上报县林业局审查	县林业部门、投资企业、林业编制单位	取得核准文件后方可上报，林业局受理、查验、公示，逐级提交，同级审查办理
7	报省林业局审查	县林业部门、投资企业、林业编制单位	
8	获得省林业局批复	县林业部门、投资企业、林业编制单位	
9	林木采伐调查设计	林业编制单位	在林地可行性研究报告经县林业局公示结束后，开展林木采伐调查、编制工作
10	林木采伐设计成果	林业编制单位	成果提交前进行各级审查、修改，取得使用林地许可证号后即刻办理出院
11	首期林木采伐证办理	县林业部门、投资企业、林业编制单位	分批次办理，县林业局受理、查验、公示；审查办理

第 4 章

加快建设抽水蓄能电站的措施

抽水蓄能中长期规划的实施，除了消除制约因素，还应加快进度。这是抽水蓄能现状和长远需求共同决定的。就现状来看，2014 年以来的规划还没有实施，至 2020 年底，投产运行的抽水蓄能规模 3249 万 kW，欠缺 6000 万 kW 以上，使得电网的日常运行调峰容量十分紧缺。在国家能源局发布中长期规划的新形势下，抽水蓄能电站需求规模大幅度上升。特别是新型电力系统的构建，更是对调节电源提出了高要求。由于抽水蓄能电站建设周期较长，而风能和太阳能电站建设和电网建设周期远远短于抽水蓄能电站，因此要与风能和太阳能大规模接入电力系统配套，就必须想尽一切办法缩短建设周期，否则抽水蓄能面临的局面将是"前有堵截，后有追兵"。

加快抽水蓄能建设进度必须保证安全和质量。三者之间的逻辑关系为：进度是"牛鼻子"，要紧抓不放；质量是底线，绝对不能突破；安全是红线，不可逾越。安全是门槛，只有迈过安全这道坎，进度才能跟上。质量就像跑步比赛的那根线，只有冲线才有成绩。质量决定进度是否成立，只有质量达标的进度才是有效的。

除此之外，环境保护和水土保持是国法，要严格遵守；社会责任是初心，要时刻牢记；科技创新是根本，要不断攀登。在正确处理进度质量和安全的关系时，也要对环境保护和水土保持工作高度重视，并不断攀登科技高峰，不断创新，加快抽水蓄能行业健康发展。

根据 NB/T 10072—2018《抽水蓄能电站设计规范》，抽水蓄能电站工程建设分为工程筹建期、工程准备期、主体工程施工期和工程完建期四个阶段。

根据统计数据，从预可行性研究开始，抽水蓄能的建设周期为 10～13 年，一般情况下，前期工作 3 年至 3 年半，筹建和准备工作 3 年，工程建设 6 年。主体工程施工期为 48～55 个月，也就是 4 年半左右时间。目前最快的是广东梅州抽水蓄能电站一期，仅用了 41 个月。

抽水蓄能建设的关键线路为"三通一平"项目准备、通风兼安全洞、主厂房施工、机电安装，上下水库、输水系统、开关站、送出工程等均应在此关键线路内进行合理安排。但需要明确的是，最长的线路不一定是关键线路。如果出现其他线路比上述项目线路长，则应调整方法。

其中，工程筹建期是工程正式开工前为主体工程承包单位进场施工创造条件所需的工期，主要工作包括对外交通、施工供电、施工供水、施工通信、位于关键线路上的临时工程施工及施工区征地移民和招标工作。

工程准备期是准备工程开工至关键线路的主体工程开工前的阶段，主要工作包括场地平整、场内交通、导流工程、施工工厂及生产、生活设施等准备工程项目施工。

主体工程施工期是关键线路的主体工程项目施工开始，至第一台机组发电或者工程开始受益为止的阶段，主要工作包括完成永久挡水建筑物、泄水建筑物和引水发电建筑物等土建工程及其金属结构和机电设备安装调试等主体工程施工。主体工程施工期起点见表 4-1。

表 4-1　主体工程施工期起点

关键线路项目	施 工 期 起 点
上水库工程	上水库主体工程施工
下水库工程	下水库主体工程施工
发电厂房系统	厂房主体土建工程施工或地下厂房顶拱层开挖
输水系统	输水系统主体工程施工

除表 4-1 规定的项目外，其他项目均不在主体工程范围内，如通风兼安全洞和进厂交通洞。

根据以上分析，对于加快抽水蓄能电站建设这个问题，需要分别从加快前期工作和加快工程建设方面解决。

4.1　加快前期工作

抽水蓄能项目前期工作主要是项目的预可行性研究和可行性研究，通常要经过报告编制工作，专题咨询、审查工作与专题审批流程。在这期间，还要完成项目的立项、核准等工作。本节主要对加快前期工作的措施进行讨论。

将预可行性研究和可行性研究两个阶段合并为一个阶段开展。将三大专题报告的内容和时间顺序进行调整。

正常蓄水位专题报告调整为库坝址选择及建设规模论证专题报告。一方面，全面排查制约因素，对生态保护、环境敏感因素、移民安置概况、水资源综合利用、土地占用基本情况、矿产压覆与文物古迹情况进行初步分析，提出对工程建设制约因素的分析意见，并明确项目是否可行。另一方面，在国家发布规划的基础上进行复核与深化，通过对报告的审查明确库址的唯一性和坝址选择，明确调节库容和上下水库正常蓄水位、装机规模、开发任务、服务对象、设计水平年。该专题报告包含预可行性研究报告的大部分内容，是其他专题研究和设计工作的基础，需要在前期工作开始和完成。这个专题需要设计单位、投资企业和地方政府通力协作，共同完成。

枢纽布置专题报告以库坝址选择及建设规模论证报告为前提，在初步查明工程地质条件的基础上，论证枢纽布置格局，选定上下水库坝型和坝线，明确输水发电系统的平面布置方案，深入分析地质条件，论证地下厂房的成洞条件，对厂房布置位置进行初步比选，初步拟定引水系统的立面布置形式，初步确定上下水库的防渗方案，论证单机容量和机组台数，明确接入系统方案。本报告论证所需地质资料以地质测绘和钻探为主。

长探洞一般要耗时一年左右，是影响前期工作进度的主要因素，可以考虑用 TBM 技术施工，这样可保障安全，而且工期只有原来的三分之一。

施工总布置专题报告主要明确施工总布置方案，通过土石方平衡分析确定工程弃渣规模和弃渣场占地，根据拟定的主体工程施工方案布置场内施工道路，按照投资企业的思路进行施工营地和管理营地的布置，确定砂石混凝土系统的布置方案，明确施工辅助企业布置和仓库布置，确定施工供水、供电方案。这些方案均需进行比较论证，以确定建设征地规模和范围，为项目核准提供必备的支撑文件。

与此同时，开展项目核准前置的专题专项工作，将顺序作业变成搭接作业或平行作业，能够提前完成的工作尽量提前，不能提前完成的工作可提前准备。这种工作安排是对行政流程的充分优化。科学计划和扎实推进对加快前期工作效果显著。

项目前期应推广应用国内相关省份先进做法，采用先核准后进行可行性研究的模式，项目投资企业在内部决策程序方面制定与之匹配的可操作的制度，充分利用核准后，在可行性研究和投资决策前开展影响主关键线路工期的单体辅助项目，如通风兼安全洞、进厂交通洞等工程，可为主体工程施工单位进场后立即开工创造条件，从而大大地促进电站早开工、早见效，在为"碳达峰、碳中和"战略目标顺利实现中发挥应有作用。

4.2　加强项目建设管理

智能化理论方法、技术及应用的研究是当前世界各国发展的重点和热点。美国、英国、德国等均把人工智能相关技术的开发与应用研究列为国家发展的重点。数字化、信息化、智能化水平已经成为衡量一个国家综合实力、国际竞争力和现代化程度的主要标志，智能化技术是推动社会生产力发展和人类文明进步的强大动力。随着人工智能的迅猛发展，人类文明史正在迎接工业 4.0 时代。2015 年 5 月 8 日，国务院正式印发《中国制造 2025》，其核心是通过智能制造技术进一步优化流程，特别是通过定义标准化工艺实现由标准化大规模生产向个性化大规模生产的转变，掌握一批重点领域关键核心技术，进一步增强优势领域竞争力，提高产品质量。为使我国由"制造大国"转变成为"制造强国"，应将突破的重点放在与互联网+的融合发展方面，加快推动中国工业的智能升级，促进建筑业与信息化、工业化的深度融合，实现"弯道超车"。我国提出《关于推进"互联网+"智慧能源发展的指导意见》《新一代人工智能发展规划》和《中国制造 2025》，促进能源和信息深度融合，将智能化理论和方法应用到工程中。

为什么要重视管理？因为在近百年的管理实践中，资源的短缺和人类欲望的无限始终是一对矛盾，人类追求组织效率和效益是始终不曾改变的目标，而管理是提高组织的效率和效益的最重要的途径。有的学者在总结了我国改革开放 40 年取得巨大成就的同时，指出我们虽然实现了举世瞩目的中国制造，但管理并没有同等进步，相对于取得的成就，管理科学的理论和实践有所滞后，反过来说，我们的改革发展还可以通过提升管理来拓展空间。今后 GDP 的增长和财富的积累在很大程度上要从管理方面入手。从泰勒时代开始的一代代大师提出的管理问题依然存在，他们的管理理论依然先进，他们的管理方法依然有效，他们的管理逻辑依然普遍适用，他们的管理经验依然宝贵。关于管理的研究还在进行中，无论环境如何变化，科学如何发达，技术如何先进，生产力如何发展，随着计算机技术和互联网技术的发展，管理这一学科仍然处在方兴未艾、蓬勃发展的阶段。

究竟什么是管理？之前的专家已经给出了许多定义，对其内涵和外延的研究也数不胜数。泰勒认为管理的实质是同时提高劳动生产率和雇主的利润，其途径是进行科学研究，创造出高效的操作技术，挑选工人并加以培训，管理者与操作者的工作分开，任务共担。其运行机制是雇主和雇员的精神革命，管理者必须认识到，追求利益最大化是劳资双方的共同目标，在通过科学管理取得劳动剩余时，只有建立共赢的分配机制，劳动成果与人民群众共享，才能最终实现效率和效益的最大化。科学创造与劳资双方精神革命的结合包含企业管理的理论方法与企业的文化建设。通俗地讲，"管理就是带领一群人，完成一件事"。管理是一个过程，即管理者组织其团队，使用相应的资源，按照一定的标准，通过科学的方式，在规定的时间内完成一项任务的过程。管理分为经验管理和科学管理两种不同的类型。经验管理完全依靠管理者积累的工作经验，但是没有生产定额，绩效考核没有量化的指标，对未来任务是否能完成或者什么时间完成只能凭个人判断，无从量化，如果换一个人，效果则完全不一样。而科学管理通过实验积累数据，生产效率和考核指标有明确参数，可以通过数学手段精心计算和分析，使工作的时间计划、资源配置科学明确，组织的行为依据一定的标准，对过程有监测，对未来有预见性。科学管理体现标准化、计划性、过程可监测性、趋势可预见性，也就是说，当前的状态和未来的走向都在管理者的控制下。

作为管理科学的实践领域，项目管理也在不断进步，管理理论和管理方法越来越多样化，实践的效果自然也存在差异。何为项目管理？其定义五花八门。美国项目管理协会编写的《项目管理知识体系指南》（通常简称为 PMBOK）把项目定义为"为创造某独特产品或服务而做的临时性努力"，将项目管理定义为"把各种知识、技能、手段和技术应用于项目中，以满足项目的要求"。项目管理就是组织项目团队成员，通过应用各种专业知识、技能、工具、材料，按照一定规则开展项目实施的各项作业，最终完成项目任务，提交约定的产品或服务。

项目管理过程包括启动、项目策划、项目实施、过程纠偏、收尾等子过程。其工作内容包括接受并充分理解项目任务，进行项目实施规划，制定项目计划和确定各级工作目标，确定质量标准，调配项目资源，协调各种关系，促进项目推进。项目是一个临时组织，在规定的时间内开展项目作业，完成项目任务，达到项目目标，而且可用资源是有限的。项目管理的核心是计划和控制，也就是竭尽全力地促进项目按照规定的时间、要求的标准、限定的投入实现目标。项目组合是一组分享共同资源的项目。项目集是一个具有共同目标的项目的集合，其中的任何单个项目均无法独立达到目标。

对于企业组织来说，战略管理和项目管理是其发展的两个层面，战略管理决定组织的发展方向和终极目的，重点在于使组织做正确的事，项目管理打通通往终极目的的道路，促进组织沿着打通的道路前行，项目就是这条道路上一段一段的路程，段与段之间的里程碑就是项目的目标，所有目标都实现了，最终目的也就自然达到了。

工程项目管理针对的是工程项目全生命周期的管理，同样应使用科学管理的理论和方法。工程项目为完成某项独特任务而开展的作业，任务完成后形成独特的产品、服务或成果，它可以是建造一座建筑物或基础设施，开发一个计算机软件，制造一台机器，或者编制一部规范，组织一次会议，甚至是对某设备开展的一次维护保养作业，具有明确时间要求、成果特殊性及渐进明细的特征。

4.3　抽水蓄能工程项目生命周期与项目组织

4.3.1　抽水蓄能工程项目周期

项目的所有阶段加在一起成为项目的全生命周期，一般从项目策划开始到设施退役拆除为止。一般情况下，前期阶段从预可行性研究开始，持续 2~3 年，实施阶段 4~6 年，运维阶段 25~30 年，有的可达 50 年甚至更长，视项目的稳定运行状态和财务状况而定，最长的甚至会超过 100 年。只要设备没有到达淘汰界线及建筑物没有安全隐患，就可以一直运行下去。

抽水蓄能全生命周期的各阶段之间有明显的分界线。前期工作结束一般以可行性研究报告审查通过为标志，实施阶段的开始以项目得到政府核准为标志，实施阶段的结束以所有建筑物完建、设备安装调试完成并通过安全鉴定和工程验收为标志，运维阶段从商业运行开始直至结束。从项目管理科学化和专业化考虑，三个阶段可以划分为 3 个子项目，也可以进行组合，分别组织不同专业特性的项目组织来管理，以得到更好的效益和效率。

4.3.2　抽水蓄能工程项目划分

项目划分方式取决于投资企业的选择。抽水蓄能电站一般是把全生命周期作为一个整体项目进行管理的。常规水电站一般分为三个项目阶段，前期阶段主要委托一家设计单位做主要工作，项目组织由投资企业的计划部门担任，实施阶段组织建设管理机构进行，前期的成果和资源整体向下移交，运维阶段则组建电厂管理。从管理方面看，两个组织可以将机组调试和试运行搭接管理，甚至调试和试运行也可由电厂作为管理的主导方。

按照投资项目概算编制要求，水电工程项目一般分为建设项目、单项工程、单位工程、分部工程、分项工程 5 级。

建设项目一般指按一个总体设计进行施工，经济统一核算，组织形式独立的建设工程。通常称为"×××工程"。

单项工程是建设项目的组成部分，具有独立的设计文件，竣工后能单独发挥设计规定的生产能力或效益，如挡水建筑物、引水发电建筑物、泄洪建筑物、公用工程、生活福利设施、业主办公大楼等。

单位工程是单项工程的组成部分。单项工程中能单独设计，可以独立组织施工，并可单独作为成本计算对象的部分，称为一个单位工程，如引水发电建筑物的发电厂房、水轮发电机组、变电站、设备工程、安装工程等。

分部工程是单位工程的组成部分。在单位工程中，把性质相近、所用工种、工具、材料和计量仪器大体相同的部分称为一个分部工程，如边坡开挖、边坡支护、基础处理、混凝土工程、灌浆工程、金属结构安装等。

分项工程是分部工程的组成部分。在一个分部工程中，由于工作内容、要求、施工方法不同，所需人工、材料、机械台班数量不等，费用差别很大，因此需要具体划分为若干分项工程，如大体积混凝土、结构混凝土、喷射混凝土、边坡开挖、基坑开挖、闸门安装、预埋件安装等。

4.3.3　抽水蓄能工程项目组织

项目组织有多种形式，取决于投资企业的习惯和选择。项目组织根据性质分为两大类，一类是项目法人制，另一类是部门制，通常称为矩阵式管理，法人制为最弱矩阵，部门制为最强矩阵，中间地带还有弱矩阵、标准矩阵和强矩阵。具体的组织形式由投资企业根据其对项目的资源安排、时间进度要求、质量标准、综合内部管理情况和项目环境条件决定。毫无疑问，不同的组织形式必然导致不同的项目结果，当投资企业将实施和运维作为一个项目进行管理时可采用项目法人制组织，而仅将实施阶段作为一个项目管理时可采用部门制组织。前者的优点是有利于质量控制和资源节约，项目组织对效益和效率比较重视，早投运早收益，少投入也可增加收益率；缺点是人力资源需求量大，专业面广，实施阶段的大量人才不能直接转为运维人员。后者在管理的专业化方面更突出，效率更高，符合项目管理的规律，但一般不对运维阶段的效益过多考虑，质量和进度取决于投资企业的计划和要求。

项目组织包括组织制度、组织文化、组织结构、组织系统和项目办公室。项目办公室是投资企业直接领导的机构，负责计划与统计工作，在多个项目同时实施时最需要设置。

项目型组织中，项目团队独立管理项目事务和团队成员，项目经理直接向总经理汇报，项目协调工作在项目组织内完成，团队成员不再由职能经理考核，项目经理的自主权是最大的，几乎可以将组织的大部分资源用于项目工作，团队成员一般处于集中办公全职状态，在项目团队中按专业设有部门机构。

大多数组织具有战略决策层、中间管理层和基础执行层三个结构形式。项目经理实施项目管理需要与这三层进行协作互动，其程度和效果取决于项目的重要性、项目干系人对项目的影响、项目管理成熟度、项目管理组织体系及组织沟通情况。当然，协作互动的程度和效果直接反映项目经理的权限和控制项目的能力，包括资源使用权、预算制定权、人员调动权，进而影响项目的目标。

项目组织文化是在一定条件下的项目管理作业的精神财富和一些物质形态，包括文化观、价值观、职业道德、行为规范、历史传统、管理制度等。其中，价值观是核心。项目组织文化是从内向外的作用过程，最里层是价值观念，明确组织作业中，哪些事是重要的，哪些事是有限的，哪些事是坚决反对的。核心外包括组织制度，也叫行为规范，是组织成员在组织作业中遵循的规范，是体现价值观的方法和途径，包括通常所说的规章制度，也包括组织长期形成的只能意会不能言传的潜规则，最外圈就是组织的形象面貌，是组织文化的外在表现，是组织外部对组织的识别特征。项目组织文化是一个内化于心、外化于行，并在组织外彰显鲜明特征的高度一致的物质形态和精神形态。

项目组织文化对项目管理的绩效起非常关键的作用。管理的本质是解决外部环境的多变和内部资源的短缺等问题。项目管理对管理本质的诠释更明确。项目利害关系者诉求的影响是多变的，可供使用的资源始终是不充分的，而项目目标和质量标准又是确定的。怎样使有限的资源聚焦到项目目标？文化建设是一开始就要高度重视并努力打造的基础，文化先进的项目组织可以取得事半功倍的绩效，反之则会事倍功半。项目管理具有普适价值和特有价值，通常说的安全第一、质量第一、进度控制、投资控制等，在工程建设中具有共同的认识和理解，但每一个项目都有其特点，同一项目在不同阶段也有不同的重点、难点，特有的价值观会发挥异乎寻常的作用。比如，在汛前的关键时刻，防汛准备可能要把形象进度放在第一位，有时宁可降低质量标准也要确保进度目标。

项目组织文化包括共同的价值观、理想信念、追求的目标、工作的指导方针、办事程序、职业道德、传统做法等。不同的项目组织文化对项目产生不同的影响，如果组织的领导者具有开拓创新的文化特质，组织成员提出的风险较高或者不同寻常的方案往往会得到批准。如果项目组织文化具有等级界线泾渭分明的特征，工作中有强烈参与意识的组织成员就会经常遇到麻烦。

项目利害关系者是对项目成功起决定性作用的个人和组织。在项目全生命周期内，利害关系者是项目的积极参与者，项目的受益者也是项目的损失方。利害关系者包括政府及有关部门、项目作业影响到的民众（移民）、产品消费者、投资方、为项目提供服务的金融保险机构、参建单位、供货单位、设计单位、科研单位和项目管理团队等，有时还有一些非政府组织。项目管理团队必须时时刻刻清楚谁是利害管理者和他们的诉求与期望，并主动加以预测与管理，一方面消除不利影响和促进有利影响，另一方面尽可能满足利害关系者的利益诉求，确保项目取得成功。

项目组织文化包括三个部分：第一部分是核心价值，也就是遇事的处理原则，哪些事重要，哪些事优先，哪些事禁止，哪些事鼓励，等等，最好能够在组织中明示；第二部分是行为规范，也就是做事的方法，也是明确禁止事项，行为规范是为核心价值服务的；第三部分是组织形象，是核心价值的外在表现。三者之间的关系不是并列的，是以价值为核心的同心圆形式，是从里向外的关系。三部分内容都有文件形式的明文规定，也有约定俗成的习惯做法，都是需要遵守的显规则和潜规则。对项目管理而言，一定要明确价值，才会形成组织的执行力，提升组织绩效。

在项目初期快速创建项目文化。传统的项目管理在时间、预算、绩效目标围成的三角关系中"竭尽全力"，而战略项目管理还要关注支持公司的业务战略和可持续发展。项目团队要以组织的使命为最高追求，项目管理决策必须以是否符合业务战略来衡量。项目管理不仅需要掌握知识和技能，更重要的是培育管理的竞争力，即知识和技能运用的能力。

项目管理知识和技能的运用需要企业文化支撑，优秀的企业文化鼓励创新、绩效和知识管理，反对官僚主义、本位主义和权力斗争。

项目管理的"三分三合"为分解、分工、分配，合情、合理、合规。"三分"指工作分解、责任划分、资源分配。"三合"指符合实际情况，施工方案科学合理，执行标准合规合法。"三分"偏重计划组织，"三合"的重点是行为准则。

成功的项目具有相似的条件和特征：达成项目目标的同时，使团队获得独特的竞争优势，为项目相关方创造特殊价值，获得超值回报。

优秀的项目团队致力于创造一个强大的愿景、一个明确的目标定位，建立各方强有力的承诺，并选择最佳执行方法，能够获得高层管理人员无条件支持，能充分利用现有知识，经常与外部组织、供应商和客户合作，并具有快速解决问题和适应业务、市场、技术变化的能力。

进度计划管理是项目管理最重要的工作，每一个项目在实施的过程中自始至终都在进行进度计划管理。进度计划的编制要投入大量的人力物力，但不少项目的进度计划管理工作处于十分尴尬的状态，一方面是计划的制定和调整，另一方面又没有在项目生产活动中执行计划，计划成了摆设。这个问题的根源是什么？主要是项目团队对项目的理解不透彻。进度计划是对未来的一种安排，是基于有限的资源和未来的不确定作出的安排，是为未来的工作做准备，不是对未来结果的描述。编制计划的人员往往没有对计划的使用需求进行分析，对条件的把握不够，主要是对资源情况掌握不充分。当实施受到环境制约和资源驱使时，计划与实施结果的差距就无法接受了。编制计划要确定用途，一般来说，如果是客户的要求，就叫总控制计划，是我们在未来"应做什么"；如果是作业队的行动计划，是我们未来"能做什么"，受资源驱使，也受环境制约；还有一种计划是我们"想做什么"，这种计划基本凭经验判断，与资源和环境无关，大部分时间进度计划属于这一类，而这一类在项目组织普遍存在。

信息化乃至智能化的项目管理是工程项目管理的发展趋势。传统的项目管理方法难以精细化，数据的录入和获取效率低，数据处理较简单，信息化程度不高。项目施工现场的安全监管和防范手段相对落后，信息化技术未能深度融入安全生产核心业务管理中，建筑施工安全生产难以进行"智能化"监管。在智能化时代，工程项目管理应顺应潮流，合理运用互联网等前沿技术，提高项目管理效率，增强资源获取与利用力。

智慧化的工程项目管理应建立"智慧工地"大数据应用与服务云平台，解决施工现场管理难、环保系统不健全及安全事故频发等问题。同时，厘清不同阶段智能化管理方法的侧重点，在工程前期侧重资料收集和程序报批；在施工阶段侧重工程质量、安全和进度等方面的实时跟踪；在验收阶段侧重资料的收集整理与经验总结。项目管理人员应运用智能化方式实时监测、采集施工现场的人、机、料、环、法各环节运行数据，基于物联网、云计算、大数据及互联网技术，实现数据的集成展示和统计分析，提高施工各环节的工作效率，辅助项目高效率、低成本、按质按量及时完成任务。此外，工程项目管理应关注当前工地现场管理的突出问题，围绕现场人员、材料、设备等重要资源的管理，尽可能构建实时高效的远程智能监管平台，有效地整合人员监控、位置定位、工作考勤、应急预案、物资管理等资源。通过现场相关信息的采集和分析，为管理人员进行人员调度、设备和物资调配，以及项目整体进度、质量、安全和文明施工等全方位监管提供决策依据。

随着人工智能的发展，建筑领域正逐步向智能建造方向发展，作为核心的 BIM 系统也在我国建筑领域逐渐得到广泛应用。BIM 系统具有协调性、可视化、模拟性、优化性、可出图性、信息完备性、一体化性及参数化性等特点。通过将 BIM 系统应用于建筑项目施工建设的各个阶段，能有效地降低施工成本，减少设计变更，提高设计审批效率，缩短工程建设时间，提高建设质量。

BIM 系统作为一个工作平台，既是一个管理工具，也是一个产品。这个先进工具的打造涉及多方面的跨专业知识，包括工程、管理、信息技术与产品交互设计。这需要一支长期稳定的、强有力的 BIM 队伍的支持与保障，这支队伍应既由内部的项目管理人员、信息化人员组成，也需要外部供应商与开发人员、设计院人员、施工单位人员等参与。

在项目生命周期内，从投资者权益角度看，可以把项目抽象成资产，时刻关注资产的数量变动及未来的增值趋势，对资金的使用进行统计和监控。从项目管理角度看：首先应聚焦可交付成果的形成，充分了解可交付成果的属性、功能、物质组成；其次对形成可交付成果的活动进行详细定义；最后是活动所需的条件，也就是资金、材料、人力、机械、技术等生产要素。对项目建立统一的编码体系，同时满足资产管理需求和项目管理需求是十分必要的，可以提高管理的科学性、精细化、准确性、及时性，总而言之就是提高效益和效率。

4.4　创新施工工艺

抽水蓄能电站与常规水电站相比，具有施工导流简便、防汛度汛难度低的特点，工程规模比大型水电站小很多，没有特殊的高边坡问题，工程建筑物地质条件良好。

在施工组织方面，常规水电站是面对问题、分析问题、解决问题，而抽水蓄能电站则可以先避开问题，再分析问题和解决问题，这是抽水蓄能电站的一大优势，可为加快工程施工提供良好的条件。

地质条件良好为大规模机械化施工创造条件。就目前抽水蓄能电站施工经验看，隧洞掘进机（Tunnel Boring Machine，TBM）技术的广泛应用和大型反井钻机的研发是一种趋势，也符合社会经济发展的方向，可以在质量和安全方面更有保证，可以大量替代传统的人工作业，显著提高劳动生产率。

TBM 技术，一开始仅应用于线路较长、断面较小的排水洞，解决的是人工开挖难以实施的困难问题。随着装备制造能力的提升和施工经验的积累，从思路方面可扩展为满足破解加快进度的需求，与人工钻爆法施工相比，TBM 技术在等直径的隧道中施工可使进度快三倍以上。如果运用在施工通风兼安全洞和进厂交通洞，则进度有极大的优势。考虑方便 TBM 技术施工，可以将通风兼安全洞和进厂交通洞布置为相同的断面，传统钻爆法施工工效 90~120m/月，使用 TBM 技术可以达到 450m/月。假设通风兼安全洞长 1800m，进厂交通洞长 2100m，施工方案可以从通风兼安全洞进洞，经过主厂房再进入进厂交通洞，最后从进厂交通洞出洞，使用 TBM 技术施工比人工钻爆法施工快 1 年左右。

研制大型反井钻可用于引水竖井施工。假设设备能力达到施工竖井深度 700m 以上，反井施工直径超过 8m，则基本涵盖所有抽水蓄能的引水竖井施工。在地面布置施工场地，架设反井钻进行作业，通过进厂交通洞布置施工支洞进入引水下平段，形成竖井出渣通道，在先导孔完成后，安装与引水竖井直径一致的反井钻机，一次施工成型，无须进行人工扩挖，其显著优点是无超欠挖现象，安全性高，进度快。

第 5 章

问题讨论

5.1 推进实施"三部制"电价

对于抽水蓄能电站而言，为了解决其价值的合理补偿问题，设想在两部制电价结构的基础上，增加一项辅助服务电价项或其他项，构成"三部制"电价结构，其由容量电价、电量电价、辅助服务电价三部分组成。对应的电站效益也将由三部分构成：容量效益、电量效益、辅助服务效益。

"三部制"电价结构具有以下优点：符合电力市场改革的目标；有利于引导投资方向；可以促进抽水蓄能电站更好地为特定对象服务。

抽水蓄能电站主要的应用场景是电网侧调峰填谷和电源侧新能源转化。在新能源基地建设中，需要根据受端电网的负荷曲线供电，抽水蓄能的电源侧调节功能被提升，当新能源基地和抽水蓄能电站的开发分别由不同的投资主体承担时，即有必要形成服务电价机制。

5.2 储能功能的发挥

在论证抽水蓄能电站开发任务时，除了调峰填谷作用，还会提到储能功能。但在确定设计参数时，对储能功能的论证并不具体，比如，是否考虑加大上水库库容，在系统中更多吸纳风能和太阳能发电多余电能抽水，然后根据系统需要进行发电。这种模式适用于下水库有足够水源的电站，特别是利用常规水电水库作为下水库，在汛期泄洪期间把洪水抽到上水库，洪水得到利用，还可减少下泄流量，增加防洪能力，同时上水库应具备优越的水库库容。储能功能在水风光一体化开发一级混合式抽水蓄能开发中十分重要，上水库库容在满足连续满发小时数要求的基础上，视地形条件扩大进行储能，可以与常规水电站互补并充分吸纳风能和太阳能。

5.3 大型跨区域水风光一体化开发方式

我国的能源资源状况和经济发展状况决定了胡焕庸线（胡焕庸为我国地理经济学家，提出了从东北漠河至云南腾冲的连线，后被称为胡焕庸线）东南部为能源消费市场主体区域，西北部为能源供给主体区域。长期以来，我国能源市场的格局是"西电东送""北煤南运"，在构建新型电力系统的背景下，基本格局仍然保持西部能源向东部输送的格局，但能源结构在原来的水电、坑口电站和煤炭的大规模输送基础上增加了风能和太阳能发电的输送，这对调节电源提出了全新的要求。调节电源有负荷侧和电源侧两种模式，但电源侧建设抽水蓄能电站主要缺水源，负荷侧建设抽水蓄能电站缺水头。从全国考虑，设想在胡焕庸线附近，也就是中国地势第二级阶梯边缘如四川东部、重庆、湖北西部、湖南西部、陕西南部、河南武陵山、巫山、大巴山等高差悬殊的地形上，大量布局抽水蓄能电站，利用长江流域和黄河流域丰富的水量，建立与大型水电站结合的调节机制，形成新能源加工基地，可将调节水库提升为调节电库。

雄踞西部的青藏高原是"世界屋脊"，属于第一级阶梯，平均海拔4000m，青藏高原西南缘是喀喇昆仑山脉和喜马拉雅山脉，北缘是昆仑山脉、阿尔金山脉和祁连山脉，东缘是横断山脉。高原内部山岭、沟谷并列，湖泊众多。

青藏高原以东、以北，地势迅速下降至海拔1000~2000m的浩瀚高原和盆地地区，构成中国陆地地势的第二级阶梯，包括地面崎岖的云贵高原，沟谷纵横的黄土高原，起伏和缓的内蒙古高原，山清水秀的四川盆地，沙漠广布的塔里木盆地，草原宽广的准噶尔盆地等。

大兴安岭、太行山、巫山山脉及云贵高原东缘（雪峰山脉）一线以东，海拔在1000m以下的丘陵和200m以下的平原构成中国陆地地势的第三级阶梯。东北平原略有起伏，华北平原辽阔坦荡，长江中下游平原湖泊众多。

东部地区和西部地区地貌差异明显。东西部大致以贺兰山、六盘山、龙门山和横断山为界。东西向山脉构成我国主要大型河流的分水岭、南北气候分带及自然地理分区。从北向南分别为阴山山系、秦岭及东延诸山山系（桐柏山和大别山）、南岭山系。

从区域地质条件看，自中新生代以来，我国大地构造格局主要受燕山期、喜山期构造活动影响，其重要特征是西部地区挤压隆起，东部地区拉张陷落。

地形的差异和地质构造的不同对抽水蓄能电站的开发建设具有重要影响。就抽水蓄能电站的三个基本条件看，水头400~800m，距高比4~6，下水库水源补给条件好是最佳站点。

东部沿海地区海拔较低，山势平缓，岩浆岩地层分布广泛，带来的影响是距高比大，比如，黑龙江伊春五星站抽水蓄能电站距高比超过9，上水库库盆条件差，水头普遍属于中等，多数为300~500m。但地下厂房围岩条件好，安全性高，便于快速施工，下水库水量丰沛，运行成本低。

中部地区为北东向分布的大兴安岭、太行山、巫山、雪峰山一线，地势高差大，地层以寒武纪以来的深厚沉积岩为主，广泛分布碎屑岩、碳酸盐岩，间或出露火山岩系。本区的抽水蓄能站点大多具有以下特点：水头差大，上水库具有良好的库盆条件，下水库水源充足，距高比较小。存在的问题有两个：一是灰岩的岩溶渗漏问题，只要进行细致的勘探，工程处理技术是成熟的；二是有些项目的地下厂房岩石为软岩，需要进行特殊处理，一般会带来投资增加和工期延误等问题。

西部地区构造复杂，出露岩层既有花岗岩，又有大量碳酸盐岩。也就是说，存在库盆条件差和岩溶渗漏问题，最不利的是下水库缺乏水源，需要远距离调水，导致建设投资增加，还要承担每年补充蒸发损失的调水成本。

综合分析：就自然条件看，中部和东部地区的山区和深丘地区适合布置抽水蓄能站点；从社会环境看，东部沿海地区抽水蓄能电站的移民人数较中部地区多，西部和东北地区的移民人数少；从经济发展水平看，东部地区经济发达，电力需求旺盛，电力市场成熟，中部地区电力市场成熟度有待提高，西部地区主要是外送电力，本区不具备消纳空间。综上所述，以新能源为主的新型电力系统仍然是"西电东送"的大局面，现在要做的就是在新形势下保障西部地区的新能源安全、可靠、高效地输送到中东部地区。